U0269206

MONI DIANLU
JIQICHANPINANZHUANGTIAOSHI

# 模拟电路
# 及其产品安装调试

朱亚丽 主　编
孟光毅 副主编　蒋旭丽 参　编

中国电力出版社
CHINA ELECTRIC POWER PRESS

# 内 容 提 要

本书将产品引领法融入项目的选取及编写过程中,以典型的、有实用价值的、学生感兴趣的产品为引导,贯穿必备的理论知识,进行每个教学项目的编写。同时将知识、技能点串成知识、技能链,以类似产品的安装、调试作为项目实训的课题,进行实践动手能力和创新能力的培养,激发学生的学习兴趣、探究兴趣和专业兴趣,为培养职业能力、职业素质服务。

本书以可燃气体报警器作为模拟电路组成典型产品贯穿整个教学过程,全书共有 7 个项目,主要内容包括直流稳压电源的安装与调试、晶体管应用电路的安装与调试、集成运算放大器应用电路的安装与调试、低频功率放大电路的安装与调试、振荡电路的安装与调试、晶闸管应用电路的安装与调试、模拟电子产品的安装与调试。附录中列出了维修电工中级职业技能鉴定中本课程的应知考试练习题,在实训中按职业技能鉴定应会考核方式进行评价打分,为推行"双证制"打好基础。

本书可以作为中职院校应用电子、通信、自动化等专业教学用书,也可作为企业电子整机产品装配培训教材,还可供相关工程技术人员参考。

## 图书在版编目(CIP)数据

模拟电路及其产品安装调试 / 朱亚丽主编. —北京:中国电力出版社,2015.3
ISBN 978-7-5123-7229-0

Ⅰ. ①模… Ⅱ. ①朱… Ⅲ. ①模拟电路②电子产品–安装③电子产品–检测 Ⅳ. ①TN710②TN07

中国版本图书馆 CIP 数据核字(2015)第 039936 号

中国电力出版社出版发行
北京市东城区北京站西街 19 号 100005 http://www.cepp.sgcc.com.cn
责任编辑:杨淑玲 责任印制:蔺义舟 责任校对:闫秀英
北京市同江印刷厂印刷·各地新华书店经售
2015 年 3 月第 1 版·第 1 次印刷
787mm×1092mm 1/16·11.5 印张·272 千字
定价:29.80 元

# 前　言

为加强电子电路及其产品的安装调试能力的培养，浙江省机电技师学院电气工程系组织编写了"中职电类专业技术基础课产品引领法系列教材"。包括《模拟电路及其产品安装调试》、《数字电路及其产品安装调试》和《单片机及其智能产品安装调试》。从电路到产品的技术学习、安装调试技能训练，从模拟电子产品到数字电子产品到智能电子产品，由低级到高级，多次学习与训练，熟能生巧，形成较强的电子电路及其产品安装调试能力，培养高素质的创新型、技能型人才，满足人才市场的需求。

产品引领法是在课程教学中，以典型的、有实用价值的、学生感兴趣的产品为引导，开展各章节、模块的教学。所学知识来源于生产实践，把知识、技能点串成知识、技能链。并以类似产品的安装、调试作为项目实训的课题，进行实践动手能力和创新能力的培养，激发学习兴趣、探究兴趣和专业兴趣，为培养职业能力、职业素质服务。

通过这种产品，把课程的知识学习和技能训练尽可能多地涵括其中，掌握了支持这种产品的知识和技能，就基本上达到了这一门课程的教学目标。而对于不能涵括其中的知识、技能，以实用零部件或实用电路为引领开展教学。所谓的产品是广义产品，并不一定是市场有售的产品，也可以是为培养学生职业能力自行设计制作的教学用产品。

产品引领法属于任务引领课程范畴。鉴于电子元器件价格低，教师和学生将其安装调试成一个电子产品的目标易实现，通过"教学做一体化"的教学模式，有利于学生对电子产品安装调试能力的培养。具有较高的性价比，且选择得当，易激发学生兴趣；便于各校推广，具有示范作用。

产品的选取是产品引领法的关键，因其具有统领全局的作用。找到了一个好的产品，就等于找到了将知识如何应用于实际、知识转化为能力的契合点，实现理论与实践相结合，有利于电子技术应用能力的培养。

本书选用可燃气体报警器作为教学用产品，为增强知识技能涵盖性，可燃气体报警器中选用二极管整流滤波及其稳压电路、发光二极管及其驱动电路（含晶体管驱动和集成运放驱动）、电压比较器与由其组成的延时电路、$RC$振荡器电路、晶体管开关电路等组成电子产品。没有包括在内的电路，如稳压二极管稳压电源、晶体管放大器、集成运放组成放大器、集成功放电路、晶闸管电路等，以实用电路在相关章节的引言中引入，并进行实用电路安装调试的技能训练。测量仪器仪表的使用，按使用先后分插在各章节中。

教材编写过程中，注意了以下问题：

（1）从电路向电子产品转移，有利于职业能力素质的提升。

按照传统习惯，《模电》的技术知识及技能训练仅限于单元电路安装调试，而对特定电路在电子产品中的应用仅泛泛介绍，鲜见用各种电路连接组成产品的介绍。我们的改革，实现电路向产品转移，考虑到单纯模拟电路组成产品较少、产品中所用单元电路种类不多的情况，采用了教学用产品可燃气体报警器。不但有单元电路的安装调试，还进行电子产品的安装调试，使学生有一个明确的电子产品概念，理论联系实际，学以致用，感受技术、技能的实用价值，提高对课程学习的兴趣、探究兴趣和职业兴趣，增强职业岗位针对性、职业习惯养成和职业道德培养，使职业能力素质得到提升。这是用人单位所欢迎的。

（2）遵循"先仿后创"的原则，培养举一反三的能力。

即实行先仿制、后创新的路子。学生能仿照引领电路、产品，根据给定的电路图安装、调试同类型电路、产品，学会如何把所学知识变成实际产品，享受自己劳动成果的愉悦，实现知识向能力的转化。学会举一反三、培养创新意识和创新能力。

（3）开展"教学做一体化"教学，提高教学质量。

为了增强教材的适用性，把理论教学与实训分开编写。列有较多案例项目，便于组织"教学做一体化"教学，请教师根据实际情况组织教学，实现边教、边学、边练，提高教学质量。

（4）编写通俗易懂，循序渐进，符合中职学生的接受水平和认知规律。

本书在编写时力求通俗易懂，突出一个"浅"字。为降低难度，对半导体器件把注意力放在器件的外部伏安特性、模型和参数上面，不对内部载流子运动和内电路做详细分析。对于超纲部分，以"知识拓展"或打*列出。本着"先仿后创，先易后难，循序渐进"的原则，首先先给出电路图、装配图、调试工艺（方法、步骤）进行安装调试，然后给出电路图，学生自行设计装接图，其次整机总装、调试，最后改变传感器组成新产品，仿照可燃气体报警器进行安装调试。符合中职学生的接受水平和认知规律。

（5）为推行"双证制"打基础。

书中列出维修电工中级职业技能鉴定中本课程的应知考试题，在实训中按职业技能鉴定应会考核方式进行评价打分，为推行"双证制"打基础。

（6）为加强电子电路安装调试能力，增加可供选用的 6 个具有趣味性和实用性的项目，列入附录 C 中。

本书由浙江省机电技师学院朱亚丽、孟光毅、费军军、金超群，沈阳自动化研究所义乌中心张晓鹤和楼阳照编写，由朱亚丽、孟光毅统稿，熊望志教授任主审。陈梓城教授对本系列教材进行总体策划，对编写的指导思想、编写提纲和书稿进行审阅，提出修改意见。

本书在编写过程中，除了依据近几年来摸索的教学实践经验外，还参阅借鉴了国内高等院校有关的教材，并得到有关专家和教师的指导和帮助，在此表示衷心的感谢。

由于编者水平有限，书中难免会有不妥之处，恳切希望广大读者和同行给予批评指正。

编　者

2015 年 1 月

# 目　　录

# 绪　　论

### 1. 电子技术的发展与应用概况

电子技术是 19 世纪末、20 世纪初开始发展起来的新兴技术，在短短的一个多世纪内，电子学得到迅速发展，作为研究和应用电子学的电子技术也突飞猛进地发展。

1895 年，H.A.Lorentz 假定了电子存在。

1897 年，J.J.Thompson 用试验找出了电子。

1904 年，J.A.Fleming 发明了最简单的二极管（diode 或 valve），用于检测微弱的无线电信号。

1906 年，L.D.Forest 在二极管中安上了第三个电极（栅极，grid）发明了具有放大作用的晶体管，这是电子学早期历史中最重要的里程碑。

1948 年美国贝尔实验室的几位研究人员发明晶体管。

1958 年集成电路的第一个样品见诸于世。集成电路的出现和应用，标志着电子技术发展到了一个新的阶段。

进入 21 世纪，以集成电路为基础的电子信息产业已成为世界第一大产业。电子信息产业的发展在国民经济发展中具有十分重要的战略意义。

"十二五"期间，我国规模以上电子信息制造业销售收入年均增速保持在 10% 左右，2015 年将超过十万亿元。在集成电路、新型显示器件、关键元器件、重要电子材料及电子专用设备仪器等领域突破一批核心关键技术。集成电路产品满足国内市场需求近 30%，芯片制造业规模生产技术达到 12in（1in＝0.0254m）、32/28nm 工艺；平板电视面板自给率达 80% 以上。

我国目前属于集成电路消费大国，成为全球最大电子信息产品制造基地。2005 年集成电路进口额为 788.2 亿美元，居贸易逆差的榜首，差额为 650.7 亿美元。到 2020～2050 年中国将成为集成电路产业强国，世界将成为中国集成电路的市场。

### 2. 课程的性质和任务

中等职业学校电子技术基础与技能课程是中等职业学校电类专业的一门基础课程。其任务是：使学生掌握电子信息类、电气电力类等专业必备的电子技术基础知识和基本技能，具备分析和解决生产生活中一般电子问题的能力，具备学习后续电类专业技能课程的能力；对学生进行职业意识培养和职业道德教育，提高学生的综合素质与职业能力，增强学生适应职业变化的能力，为学生职业生涯的发展奠定基础。它在专业人才培养过程中具有重要的地位和作用。

通过教学使学生初步具备查阅电子元器件手册并合理选用元器件的能力；会使用常用电子仪器仪表；了解电子技术基本单元电路的组成、工作原理及典型应用；初步具备识读电路图、简单印制电路板和分析常见电子电路的能力；具备制作和调试常用电子电路及排除简单故障的能力；掌握电子技能实训的安全操作规范。

结合生产生活实际，了解电子技术的认知方法，培养学习兴趣，形成正确的学习方法，有一定的自主学习能力；通过参加电子实践活动，培养运用电子技术知识和工程应用方法解决生产生活中相关实际电子问题的能力；强化安全生产、节能环保和产品质量等职业意识，养成良好的工作方法、工作作风和职业道德。

电子技术基础与技能课程分模拟电路和数字电路两大部分。为激发学生学习兴趣，使学生具有应用电子电路组成电子产品的概念和加强电子产品安装调试能力的培养，在编写教材时分成《模拟电路及其产品安装调试》、《数字电路及其产品安装调试》两册，开展教学。

3. 模拟电路组成

本课程是研究模拟电路（低频部分）及其应用的课程。模拟信号是时间上和数值上都是连续的信号，它能模拟真实世界的物理量（如声音、温度、压力等）的电压或电流，它的变化是连续的和平滑的。模拟电路则是产生和处理模拟信号的电路。相对应的在时间上和数值上都是断续的信号称为数字信号，数字电路则是产生和处理信号的电路。数字电路的知识学习由数字电子技术课程完成。

电子产品大多是由一些模拟电路或者数字模拟电路混合组装而成的。所谓模拟电子设备，一般是由低频电子电路组合而成的模拟系统。日常接触到的许多电子设备和仪器，如扩音器、录音机、温度控制装置等，都是模拟电子设备。它们在国民经济、上层建筑直至人们的日常生活中，都发挥着作用。例如可燃气体报警器，当可燃气体浓度超过标准时，能发出声光报警，以采取措施，保证安全。虽然它们的性能、用途各有不同，但就其电子电路部分而言，可以说都是由一些基本单元电路组成的，其基本结构方面有着共同的特点。

一般来说，典型的模拟电子设备由三个组成部分：一是传感器件部分；二是信号放大和变换电路部分；三是执行机构部分。图0-1所示为典型模拟电子设备的框图。

图 0-1　模拟电子设备组成框图

（1）传感器件。传感器件主要用来把非电信号转换为电信号，例如话筒、磁头、热敏器件、气敏器件、光敏元件等。例如可燃气体报警器、烟雾报警器中的传感器，红外报警器中的热释电传感器等。

（2）信号放大与变换。从传感器件送来的电信号，一般是比较微弱的，有的信号波形也不符合要求，往往不能直接推动执行机构正常工作，必须将这种信号加以放大或变换，再传送给执行结构。例如红外报警器的热释电传感器需经两级放大，可燃气体报警器需经过比较器、发光二极管驱动电路、振荡器等送往执行机构。

（3）执行机构。执行机构则是把电能转换成其他形式的能量，以便完成人们所需要的功能。例如报警器中的发光二极管和扬声器等。

4. 可燃气体报警器

本书以可燃气体报警器作为模拟电路组成典型产品贯穿整个教学过程，演示用的可燃气体报警器，如图0-2所示。各种电子元器件装配在印制电路板上。

图 0-2　演示用的可燃气体报警器实物

　　接通报警器的交流电源，黄色预热指示 LED 和绿色正常工作指示 LED 同时点亮，为保证测试准确可靠，传感器进行约 5min 的预热。达到预定的预热时间后，黄色 LED 熄灭，电路进入可燃气体检测状态。此时，将气体打火机点火后，用嘴吹灭火焰，保持气体释放状态，将其靠近气体传感器，绿色 LED 熄灭，红色报警指示 LED 点亮，同时扬声器发出报警声。说明可燃气体超过预定值，会产生危险。如果移开打火机，当可燃气体浓度降低到设定值以下后，声光报警自动结束，绿色 LED 点亮，说明危险解除。

　　可燃气体报警器的电路框图如图 0-3 所示。可燃气体报警器是由各种相应电子元器件和基本电路组成的。在学习过程中我们先安装调试基本电路，然后进行总装调试。传感器及基本电路在可燃气体报警器中相应位置示意图如图 0-4 所示。

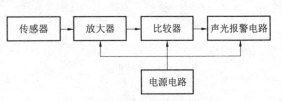

图 0-3　可燃气体报警器的框图

图 0-4　传感器及基本电路在可燃气体报警器中位置示意图

　　本课程就是以可燃气体报警器为主线进行电子元器件、模拟电路知识学习和技能训练，学会安装调试基本模拟电路和可燃气体报警器整机安装调试，并且仿照其进行其他传感器组成电子产品的安装调试。

# 项目 1　直流稳压电源的安装与调试

📖 **学习目标**

（1）了解二极管的结构，熟悉二极管的单向导电性、电路符号和主要参数。

（2）掌握二极管极性和质量优劣的检测方法。

（3）了解不同类型二极管的外形特征、功能及应用。

（4）理解直流稳压电源的工作原理。

（5）会合理选用整流、滤波、稳压元器件。

（6）学会直流稳压电源的制作与调试方法。

（7）熟练掌握万用表的使用方法。

　　二极管在仪器仪表、家用电器中应用非常广泛，是电子技术中常用的电子器件，如电子产品和电子电路使用的直流稳压电源，其关键器件之一就是二极管。

　　可燃气体报警器中用到了多种类型的二极管，其中有整流二极管、稳压二极管和发光二极管。如图 1.0 – 1 是可燃气体报警器稳压电路实物图，VD1 ~ VD6 为二极管。

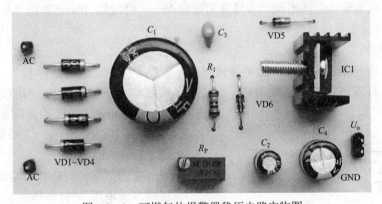

图 1.0 – 1　可燃气体报警器稳压电路实物图

## 任务 1.1　二极管的认识与测试

### 1.1.1　半导体基础知识

　　二极管是半导体二极管，它是由半导体材料制成的。

　　自然界中存在的物质，根据其导电性能的不同大体可分为导体、半导体和绝缘体三类。

　　半导体的导电能力介于导体与绝缘体之间，电阻率为 $10^{-4}\Omega\cdot cm \sim 10^{10}\Omega\cdot cm$，常见的半导体有硅、锗等。

在金属导体中，自由电子作为唯一的一种载体（称为载流子）携带电荷移动，形成电流。在电解液中，正、负离子移动形成电流。半导体中通常有两种载流子在外电场作用下定向移动而形成电流。一种是带负电荷的电子，另一种是带正电荷的空穴。

由半导体材料制成的常见半导体器件有二极管、晶体管等。半导体器件是组成各种电子电路的基础。

半导体可分为本征半导体、P 型半导体和 N 型半导体。

**1. 本征半导体**

纯净的、不含其他杂质的、结构完整的单晶体称为本征半导体，如硅、锗等。

**2. P 型半导体**

在本征半导体（硅或锗）中掺入微量三价元素（如硼）后构成的半导体称为 P 型半导体。P 型半导体的多数载流子是空穴，少数载流子是电子。

**3. N 型半导体**

在本征半导体（硅或锗）中掺入微量五价元素（如磷）后构成的半导体称为 N 型半导体。N 型半导体的多数载流子是电子，少数载流子是空穴。

## 1.1.2  半导体二极管及其特性

**1. 二极管的结构与图形符号**

（1）PN 结。

将一块半导体材料通过特殊的工艺过程，使之一边形成 P 型半导体，另一边形成 N 型本导体，会在两种半导体之间出现一种特殊的接触面——PN 结，PN 结如图 1.1－1（a）所示。PN 结是构成各种半导体器件的核心。

（2）二极管。

二极管是由一个 PN 结构成的半导体器件，即将一个 PN 结从 P 区和 N 区各引出一个电极，并用塑料或玻璃管壳封装而成。P 区的引出线称为正极或阳极，N 区的引出线称为负极或阴极，二极管内部结构示意图如图 1.1－1（a）所示。二极管图形符号如图 1.1－1（b）所示。

普通二极管有硅管和锗管两种，它们的正向导通电压（PN 结电压）差别较大，锗管为 0.2～0.3V，硅管为 0.6～0.7V。常见的二极管的封装如图 1.1－2 所示。

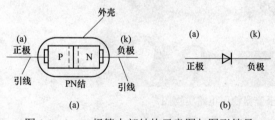

图 1.1－1  二极管内部结构示意图与图形符号

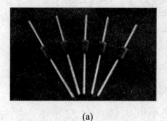

(a)                                    (b)

图 1.1－2  二极管的常用封装

（a）整流二极管；（b）大功率整流二极管

这里所指的二极管是普通二极管和整流二极管,在电路图中用文字符号 "VD" 表示。

2. 二极管的单向导电性

二极管最重要的特性就是单向导电性。在电路中,电流只能从二极管的正极流入,负极流出。下面通过简单的电路说明二极管的正向特性和反向特性,如图 1.1－3 所示。

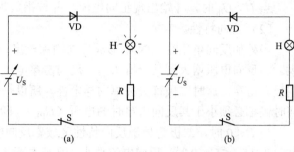

图 1.1－3 (a) 中,正极电位大于负极电位,加上正向偏置电压(简称正偏),二极管导通,H 灯亮。

图 1.1－3 (b) 中,正极电位小于负

图 1.1－3　二极管单向导电性实验电路

极电位,加上反向偏置电压 (简称反偏),二极管截止,H 灯不亮。

二极管(PN 结)正向偏置导通,反向偏置截止的这种特性称为单向导电性。

【例 1.1－1】图 1.1－4 所示电路中,H1 和 H2 哪一个灯会亮?

**解:**判断二极管在电路中是导通还是截止,要看二极管是正偏还是反偏。从图 1.1－4 可知,VD1 的阳极接在电源的正极,阴极接电源的负极,正偏,二极管导通,灯 H1 点亮。

H2 由学生们自行分析判断。

3. 二极管的伏安特性

图 1.1－5 所示为二极管的伏安特性曲线,它主要反映了流过二极管的电流和二极管两端电压之间的关系。

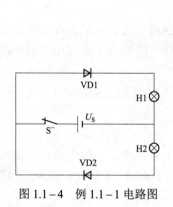

图 1.1－4　例 1.1－1 电路图

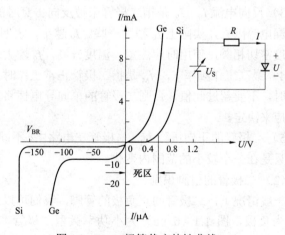

图 1.1－5　二极管伏安特性曲线

(1) 正向特性。

当外加正向电压时,随着二极管两端的正向电压 $U$ 的逐渐增加,电流 $I$ 也增加。但在开始的一段,由于外加电压很低。外电场不能克服 PN 结的内电场,半导体中的多数载流子不能顺利通过阻挡层,所以这时的正向电流极小(该段所对应的电压称为死区电压 $U_{th}$,硅管的死区电压约为 0～0.5V,锗管的死区电压约为 0～0.2V)。当外加电压超过死区电压 $U_{th}$ 以后,外电场强于 PN 结的内电场,多数载流子大量通过阻挡层,使正向电流随电压很快增长。即:

当 $U>0$ 时，二极管处于正向特性区域。正向区又分为两段。

当 $0<U<U_{th}$ 时，正向电流为零，$U_{th}$ 称为死区电压或开启电压。

当 $U>U_{th}$ 时，开始出现正向电流，并按指数规律增长。

（2）反向特性。

当外加反向电压时，PN 结形成反向饱和电流，继续升高反向电压时反向电流几乎不再增大。当反向电压增大到某一值 $U_{BR}$（反向击穿电压）以后，反向电流会突然增大，这种现象叫反向击穿，这时二极管失去单向导电性。所以一般二极管在电路中工作时，其反向电压任何时候都必须小于其反向击穿时的电压（$U_{BR}$），即：

当 $U<0$ 时，二极管处于反向特性区域。反向区也分两个区域。

当 $U_{BR}<U<0$ 时，反向电流很小，且基本不随反向电压的变化而变化，此时的反向电流也称反向饱和电流 $I_S$。

当 $U \geqslant U_{BR}$ 时，反向电流急剧增加，$U_{BR}$ 称为反向击穿电压。

4. 二极管的使用常识

（1）二极管的主要参数。

1）最大平均整流电流 $I_{FM}$。$I_{F(AV)}$ 是指二极管长期工作时，允许通过的最大正向平均电流。它与 PN 结的面积、材料及散热条件有关。实际应用时，工作电流应小于 $I_{F(AV)}$，否则，可能导致结温过高而烧毁 PN 结。

2）最高反向工作电压 $U_{RM}$。$U_{RM}$ 是指二极管反向运用时，所允许加的最大反向电压。实际应用时，当反向电压增加到击穿电压 $U_{BR}$ 时，二极管可能被击穿损坏，因而，$U_{RM}$ 通常取为（$1/2 \sim 2/3$）$U_{BR}$。

3）反向电流 $I_R$。$I_R$ 是指二极管未被反向击穿时的反向电流。理论上 $I_R = I_{R(sat)}$，但考虑表面漏电等因素，实际上 $I_R$ 稍大一些。$I_R$ 越小，表明二极管的单向导电性能越好。另外，$I_R$ 与温度密切相关，使用时应注意，温度升高，$I_R$ 增大。

4）最高工作频率 $f_M$。$f_M$ 是指二极管正常工作时，允许通过交流信号的最高频率。实际应用时，不要超过此值，否则二极管的单向导电性将显著退化。$f_M$ 的大小主要由二极管的电容效应来决定。

5）二极管的正向压降 $U_F$。二极管在电路中，不同的电流二极管的正向压降 $U_F$ 是不同，但也只是在一个较小的范围内变化。

（2）二极管的引脚识别。

一般情况下，二极管的正负极的管脚，我们可以从封装上看出来，一般来说，带横线记号的为负极，图 1.1-6（a）为小功率微型二极管，图 1.1-6（b）为大功率贴片二极管，图 1.1-6（c）为塑封二极管。

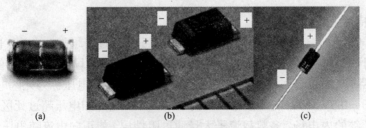

(a)　　　　　　　(b)　　　　　　　(c)

图 1.1-6　利用封装识别二极管正负极

利用数字万用表的二极管挡也可判别正、负极，此时红表笔（插在"V·Ω"插孔）带正电，黑表笔（插在"COM"插孔）带负电。用两支表笔分别接触二极管两个电极，若显示值在 1V 以下，说明管子处于正向导通状态，红表笔接的是正极，黑表笔接的是负极。若显示溢出符号"1"，表明管子处于反向截止状态，黑表笔接的是正极，红表笔接的是负极。

（3）鉴别质量好坏。

二极管的正、反向电阻差别越大，其性能就越好。如果双向电值都较小，说明二极管质量差，不能使用；如果双向阻值都为无穷大，则说明该二极管已经断路。如双向阻值均为零，说明二极管已被击穿。

用数字万用表检测的具体方法是：将万用表置于电阻 2k 挡，测量二极管的正反向电阻值。如果测得正向电阻为无穷大，说明二极管的内部断路，若测得的反向电阻接近于零，则表明二极管已经击穿，内部断路或击穿的二极管都不能使用。若测得的正向电阻偏大或反向电阻偏小，则表明二极管质量不高。

📖 **思考与练习**

1. 想一想二极管具有什么特性，画出二极管的图形符号。

2. 二极管有哪些主要参数？在选用二极管时应如何考虑这些参数？

## 1.1.3  其他类型二极管

### 1. 稳压二极管

一般二极管都是正向导通，反向截止；加在二极管上的反向电压、如果超过二极管的承受能力，二极管就要击穿损毁。但是有一种二极管，它的正向特性与普通二极管相同，而反向特性却比较特殊：当反向电压加到一定程度时，虽然管子呈现击穿状态，通过较大电流，却不损毁，并且这种现象的重复性很好；只要管子处在击穿状态，尽管流过管子的电流变化很大，而管子两端的电压却变化极小，能起到稳压作用。这种特殊的二极管叫稳压管，又叫齐纳二极管。

它的电路符号、基本应用电路和伏安特性曲线如图 1.1-7 所示，稳压管的伏安特性曲线和普通二极管类似，只是反向特性曲线比较陡。

反向击穿是稳压管的正常工作状态，稳压管就工作在反向击穿区。从反向特性曲线可以看到，当所加反向电压小于击穿电压时，和普通二极管一样，其反向电流很小。一旦所加反向电压达到击穿电压时，反向电流会突然急剧上升，稳压管被反向击穿。其击穿后的特性曲线很陡，这就说明流过稳压管的反向电流在很大范围内（从几毫安到几十甚至上百毫安）变化时，管子两端的电压基本不变，稳压管在电路中能起稳压作用，正是利用了这一特性。

稳压管的反向击穿是可逆的，这一点与一般二极管不一样。只要去掉反向电压，稳压管就会恢复正常。但是，如果反向击穿后的电流太大，超过其允许范围，就会使稳压管的 PN 结发生热击穿而损坏。

由于硅管的热稳定性比锗管好，所以稳压管一般都是硅管，故称为硅稳压管。

### 2. 发光二极管

发光二极管可以把电能转化成光能，常简写为 LED。发光二极管与普通二极管一样，由一个 PN 结组成，也具有单向导电性。当给发光二极管加上正向电压后会发光。常用的是发红光、绿光或黄光的二极管。

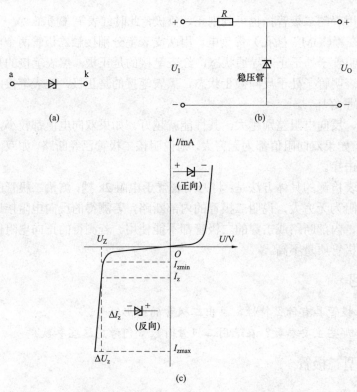

图 1.1－7　稳压管的电路符号、基本应用电路和伏安特性曲线

（a）稳压管符号；（b）基本应用电路；（c）伏安特性曲线

与小白炽灯泡和氖灯相比，发光二极管的特点是：工作电压很低（有的仅一点几伏）；工作电流很小（有的仅零点几毫安即可发光）；抗冲击和抗振性能好，可靠性高，寿命长；通过调制通过的电流强弱可以方便地调制发光的强弱。由于有这些特点，发光二极管在一些光电控制设备中用作光源，在许多电子设备中用作信号显示器。发光二极管的图形符号与实物图如图 1.1－8 所示。发光二极管参数参阅附录 B 表 B－9。发光二极管工作时要正向偏置。

图 1.1－8　发光二极管（LED）图形符号及实物图

### 3. 光敏二极管

光敏二极管和普通二极管一样，也是由一个 PN 结组成的半导体器件，也具有单方向导电特性。但在电路中它不是作整流元件，而是把光信号转换成电信号的光电传感器件。

普通二极管在反向电压作用时处于截止状态，只能流过微弱的反向电流，光敏二极管在设计和制作时尽量使 PN 结的面积相对较大，以便接收入射光。光敏二极管是在反向电压作用下工作的，没有光照时，反向电流极其微弱，叫暗电流；有光照时，反向电流迅速增大到几十微安，称为光电流。光的强度越大，反向电流也越大，其输出特性如图 1.1－9（a）所示

（图中 $E$ 表示光照强度，$E_1<E_2<E_3$）。光的变化引起光敏二极管电流变化，这就可以把光信号转换成电信号，成为光电传感器件。光敏二极管正常工作时必须反向偏置。

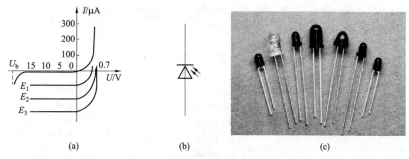

图 1.1-9　光敏二极管输出特性、图形符号与实物图

### 4. 变容二极管

变容二极管也称为压控变容器，是根据所提供的电压变化而改变结电容的半导体，也就是说，作为可变电容器，可以被应用于谐振电路中。例如，电视机中把变容二极管作为调谐回路中的可变电容器，来选择频道。

变容二极管图形符号如图 1.1-10 所示。

图 1.1-10　变容二极管图形符号

### 5. 晶体二极管的分类

晶体二极管是电子电路中经常使用的元件，除常用的整流二极管和检波二极管外，还有稳压二极管、发光二极管、变容二极管、开关二极管等，其分类如图 1.1-11 所示。

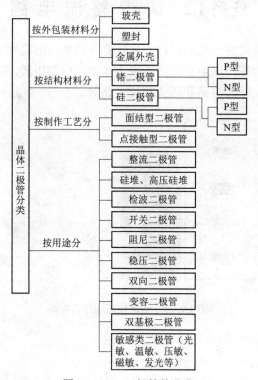

图 1.1-11　二极管的分类

### 6. 晶体二极管的型号命名方法

国产二极管的型号命名规定由五部分组成（部分二极管无第五部分），其意义如图 1.1-12 所示。

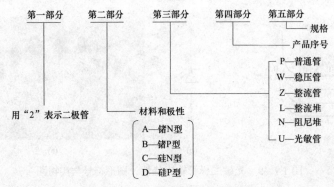

图 1.1-12　二极管的型号命名方法

例如，2CZ 表示硅整流二极管。国外产品依各国标准而确定其型号，需要时应查阅相关资料。

📖 **思考与练习**

1. 画出常用几种特殊二极管的图形符号，描述它们各自的工作条件、特性及适用场合。
2. 举出几个特殊二极管应用的例子。

# 任务 1.2　认识整流电路

整流是把交流电变换成直流电的过程，具有整流功能的电路称为整流电路。图 1.2-1 所示为整流稳压电路的实物图，图中整流桥电路由 4 个二极管组成。常见的小功率整流电路有单相半波整流电路、全波整流电路和桥式整流电路等。

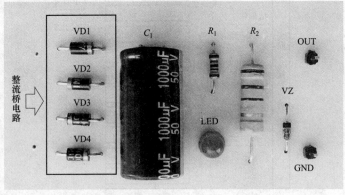

图 1.2-1　整流稳压电路实物图

## 1.2.1　半波整流电路

### 1. 电路组成

图 1.2-2（a）是一种最简单的单相半波整流电路。它由电源变压器 T、整流二极管 VD、

负载电阻 $R_L$ 组成。变压器把市电电压（多为 220V）变换为所需要的交变电压 $u_2$，二极管 VD 再把交流电变换为脉动直流电。

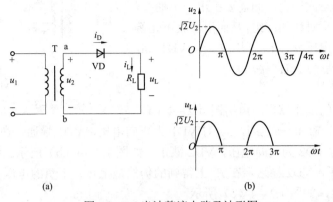

图 1.2 – 2　半波整流电路及波形图

2. 工作原理

下面对照图 1.2 – 2（b）的波形，看二极管是怎样整流的。

在 0～π 时间内，$u_2$ 为正半周即变压器一次侧上端为正，下端为负。此时，二极管承受正向电压而导通，产生电流 $i_L$ 流过负载电阻 $R_L$，并在负载电阻形成输出电压 $u_L$，如图 1.2 – 2（b）所示。在 π～2π 时间内，$u_2$ 为负半周，变压器二次侧下端为正，上端为负。这时 VD 承受反向电压，不导通，$R_L$ 上无电压。在 2π～3π 时间内，重复 0～π 时间的过程，而在 3π～4π 时间内，又重复 π～2π 时间的过程等，这样反复下去，交流电的负半周就被"削"掉了，只有正半周通过 $R_L$，在 $R_L$ 上获得了一个单一方向（上正下负）的电压，如图 1.2 – 2（b）所示，达到了整流的目的。但是，负载电压 $U_L$ 以及负载电流的大小还随时间而变化，因此，通常称它为脉动电流。

3. 主要计算公式

负载 $R_L$ 上的直流电压（平均电压）

$$U_L = 0.45 U_2$$

负载 $R_L$ 上的直流电流（平均电流）

$$I_L = 0.45 U_2 / R_L$$

二极管承受的最大反向电压

$$U_{RM} = \sqrt{2}\, U_2$$

4. 电路特点

这种除去半周 [图 1.2 – 2（b）下半周] 的整流方法，称为半波整流。不难看出，半波整流是以"牺牲"一半交流为代价而换取整流效果的，电流利用率很低，因此常用在高电压、小电流的场合，而在一般无线电装置中很少采用。

但是这个整流电路结构简单，使用的元器件数少，成本低，适用于简单充电电路。

## 1.2.2　全波整流电路

1. 电路组成

如果把整流电路的结构作一些调整，可以得到一种能充分利用电能的全波整流电路。

图 1.2－3 是全波整流电路的电原理图。

全波整流电路,可以看作是由两个半波整流电路组合成的。变压器二次绕组中间需要引出一个抽头,把二次绕组分成两个对称的绕组,从而引出大小相等但极性相反的两个电压 $u_{2a}$、$u_{2b}$,构成 $u_{2a}$、VD1、$R_L$ 与 $u_{2b}$、VD2、$R_L$ 两个通电回路。

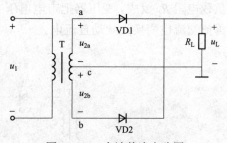

图 1.2－3　全波整流电路图

2. 工作原理

全波整流电路的工作原理,可用图 1.2－4(a)所示的波形图说明。在 $0\sim\pi$ 之间,$u_{2a}$ 对 VD1 为正向电压,VD1 导通,在 $R_L$ 上得到上正、下负的电压;$u_{2b}$ 对 VD2 为反向电压,VD2 截止,如图 1.2－4(b)所示。在 $\pi\sim2\pi$ 之间,$u_{2b}$ 对 VD2 为正向电压,VD2 导通,在 $R_L$ 上得到的仍然是上正、下负的电压;$u_{2a}$ 对 VD1 为反向电压,VD1 截止,如图 1.2－4(c)所示。

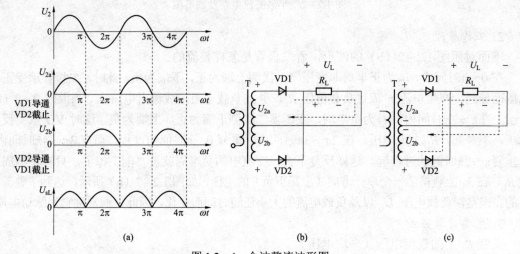

图 1.2－4　全波整流波形图

如此反复,由于两个整流元件 VD1、VD2 轮流导电,结果负载电阻 $R_L$ 上在正、负两个半周作用期间,都有同一方向的电流通过,如图 1.2－4 所示,因此称为全波整流。

3. 主要计算公式

负载 $R_L$ 上的直流电压(平均电压)

$$U_L = 0.9U_2$$

负载 $R_L$ 上的直流电流(平均电流)

$$I_L = 0.9U_2/R_L$$

通过二极管的平均电流

$$I_{VD} = I_L/2$$

二极管承受的最大反向电压

$$U_{RM} = 2\sqrt{2}\,U_2$$

4. 电路特点

图 1.2－3 所示的全波整流电路,需要变压器有一个使两端对称的二次侧中心抽头,这给

制作上带来很多的麻烦。另外，这种电路中，每只整流二极管承受的最大反向电压是变压器二次侧电压最大值的两倍，因此需要用能承受较高电压的二极管。但是全波整流不仅利用了正半周，而且还巧妙地利用了负半周，从而大大地提高了整流效率（$U_L = 0.9U_2$，比半波整流时大一倍）。

全波整流电路的二极管极性千万不能接错，否则会烧毁二极管或变压器二次绕组。正确接法是两个二极管的朝向一致。

### 1.2.3　桥式整流电路

**1. 电路组成**

桥式整流电路是使用最多的一种整流电路，它由四个二极管 VD1～VD4、电源变压器 T 和负载电阻 $R_L$ 组成，电路如图 1.2－5 所示。

**2. 工作原理**

桥式整流电路的工作原理如下：$u_2$ 为正半周时，对 VD1、VD3 加正偏电压，VD1、VD3 导通；对 VD2、VD4 加反向电压，VD2、VD4 截止，电路中构成 $u_2$、VD1、$R_L$、VD3 通电

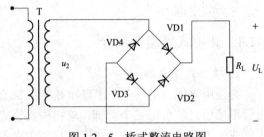

图 1.2－5　桥式整流电路图

回路，在 $R_L$ 上形成上正下负的半波整流电压，如图 1.2－6（a）所示；$u_2$ 为负半周时，对 VD2、VD4 加正向电压，VD2、VD4 导通；对 VD1、VD3 加反向电压，VD1、VD3 截止。电路中构成 $u_2$、VD2、$R_L$、VD4 通电回路，同样在 $R_L$ 上形成上正下负的另外半波的整流电压，如图 1.2－6（b）所示。

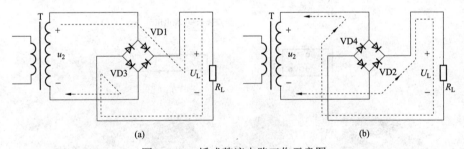

(a)　　　　　　　　　　　　　(b)

图 1.2－6　桥式整流电路工作示意图

如此重复下去，结果在 $R_L$ 上便得到全波整流电压，参考波形图 1.2－4（a），其波形图和全波整流波形图是一样的。从图 1.2－6（a）和　（b）中还不难看出，桥式电路中每只二极管承受的反向电压等于变压器二次电压的最大值，比全波整流电路小一半。

**3. 主要计算公式**

负载 $R_L$ 上的直流电压（平均电压）

$$U_L = 0.9U_2$$

负载 $R_L$ 上的直流电流（平均电流）

$$I_L = 0.9U_2/R_L$$

通过二极管的平均电流

$$I_{VD} = I_L/2$$

二极管承受的最大反向电压

$$U_{RM} = \sqrt{2}\,U_2$$

#### 4. 电路特点

全桥整流电路，比全波整流电路增加两只二极管，它便具有全波整流电路的优点，而同时在一定程度上克服了它的缺点。

#### 5. 注意事项

桥式整流电路的二极管极性千万不能接错，否则会烧毁二极管或变压器二次绕组。正确接法是共阳端、共阴端接负载，其他两端接交流电源。阳极接在一起称为共阳端，阴极接在一起称为共阴端。

### 1.2.4　硅桥式整流器简介

#### 1. 硅桥式整流器

为使用方便，工厂生产出硅单相半桥整流器和硅单相桥式整流器。半桥整流器为两个二极管串接后封装引出三个引脚。单相桥式整流器又称桥堆，它将桥式整流器中四个二极管集中制成一个整体，常用桥式整流器及其实物图如图1.2－7所示。其中标有"～"引脚为交流电源输入端，其余两脚接负载。图中标注尺寸单位为：mm。

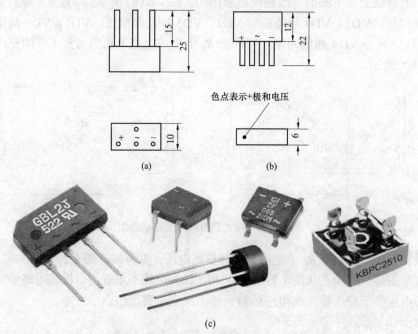

图1.2－7　常用桥式整流器及其实物图

(a) QL1～6型；(b) QL51型；(c) 实物图

#### 2. 硅整流堆的检测

大多数的整流全桥上均标注有"＋"、"－"、"～"符号（其中"＋"为整流后输出电压的正极，"－"为输出电压的负极，两个"～"为交流电压输入端），很容易确定出各电极。检测时，可通过分别测量"+"极与两个"～"极、"-"极与两个"～"之间各整流二极管的正、反向电阻值（与普通二极管的测量方法相同）是否正常，即可判断该全桥是否损坏。若测得全桥内某只二极管的正、反向电阻值均为 0 或均为无穷大，则可判断该二极管已击穿或开路损坏。

📖 思考与练习

如何来选择桥式整流电路中的二极管？如果选择不当会出现哪些问题？

# 任务 1.3　认 识 滤 波 电 路

交流电经过二极管整流之后，方向单一，但是大小（电流强度）还是处在不断地变化之中。这种脉动直流一般是不能直接用来给无线电装备供电的。要把脉动直流变成波形平滑的直流，还需要再做一番"填平取齐"的工作，这便是滤波。换句话说，滤波的任务，就是把整流器输出电压中的波动成分尽可能地减小，改造成接近恒稳的直流电。滤波前后波形如图 1.3－1 所示。

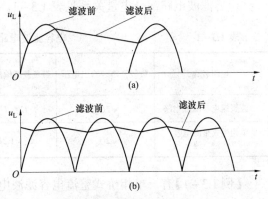

图 1.3－1　滤波前后波形比较

（a）半波整流电容滤波；（b）桥式整流电容滤波

## 1.3.1　电容滤波电路

### 1. 电路组成

图 1.3－2 是最简单的半波整流电容滤波电路和桥式整流电容滤波电路，电容器与负载电阻并联，接在整流器后面。

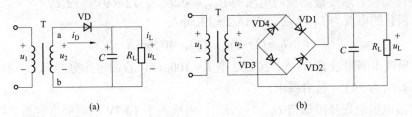

图 1.3－2　整流滤波电路图

### 2. 工作原理

滤波原理以图 1.3－3 所示半波整流电容滤波电路加以说明。

电容器是一个储存电能的仓库。在电路中，当有电压加到电容器两端的时候，便对电容器充电，把电能储存在电容器中；当外加电压失去（或降低）之后，电容器将把储存的电能再放出来。充电的时候，电容器两端的电压逐渐升高，直到接近充电电压；放电的时候，电容器两端的电压逐渐降低，直到完全消失。电容器的容量越大，负载电阻值越大，充电和放电所需要的时间越长。这种电容的两端电压不能突变、"通交隔直"的特性，使经过整流后的

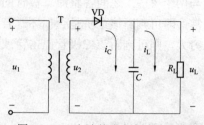

图 1.3-3　半波整流电容滤波电路

脉动直流电流分成两部分：一部分是纹波成分 $i_C$，经电容器 $C$ 旁路而被滤除；另一部分为直流成分，经负载电阻 $R_L$ 输出，使输出电压 $u_L$ 和输出电流 $i_L$ 变为较平滑的直流电。

3．电路特点

显然，电容量越大，滤波效果越好，输出波形越趋于平滑，输出电压也越高。但是，电容量达到一定值以后，再加大电容量对提高滤波效果已无明显作用。通常应根据负载电阻和输出电压的大小选择最佳电容量。

4．电容滤波电路部分电量关系

电容滤波电路部分电量关系见表 1.3-1。$U_2$ 为变压器二次绕组电压有效值。

表 1.3-1　　　　　　　　　　电容滤波电路部分电量关系

| 电路名称 | 负载开路时输出电压 | 带负载时输出电压 | 二极管流过电流 | 二极管选择 | |
|---|---|---|---|---|---|
| | | | | $I_F$ | $U_{RM}$ |
| 半波整流电容滤波电路 | $\sqrt{2}U_2$ | $U_L \approx U_2$ | $I_L$ | $I_F = (2\sim3)U_2/R_L$ | $U_{RM} > 2\sqrt{2}U_2$ |
| 单相桥式整流电容滤波电路 | $\sqrt{2}U_2$ | $U_L = 1.2U_2$ | $I_L/2$ | $I_F = (1\sim1.5)U_2/R_L$ | $U_{RM}\,\sqrt{2}U_2$ |

【例 1.3-1】有一单相桥式整流电容滤波电路如图 1.3-2（c）所示，市电频率为 $f=50\text{Hz}$，负载电阻 400Ω，整流电路输入交流电压有效值 $U_2=9\text{V}$，计算电路输出的直流电压；选择整流二极管；确定滤波电容耐压值。

**解：**（1）查表 1.3-1，电路输出的直流电压 $U_L=1.2U_2=1.2\times9\text{V}=10.8\text{V}$

（2）负载电流 $I_L=U_L/R_L=10.8\text{V}/400\Omega=0.027\text{A}=27\text{mA}$

（3）整流二极管承受最高反向电压为 $U_{RM}=\sqrt{2}U_2=\sqrt{2}\times9\text{V}\approx12.7\text{V}$

流过二极管的电流为 $I_D=I_L/2=27\text{mA}/2=13.5\text{mA}$

$$I_F=(2\sim3)I_D=(27\sim40.5)\text{mA}$$

查阅手册或本书附录表 B-5，2CZ52 型 $I_F=100\text{mA}$，查阅电压分挡标志，2CZ52B 的最高反向工作 $U_{RM}$ 为 50V，符合要求。

（4）滤波电容应选择耐压值 $U_{CN}>\sqrt{2}U_2$，应选大于 12.7V 的电解电容器，如 50V。

## 1.3.2　电感滤波电路

1．电路组成

在单相桥式整流电路中给负载串联电感器即组成单相桥式整流电感滤波电路，如图 1.3-4（a）所示。

2．工作原理

电感滤波电路是利用电感上电流不能突变、"通直隔交"的特性，使经过整流后的脉动直流电流中的纹波成分无法通过电感 $L$，而脉动直流电中直流成分 $I_L$ 顺利通过电感，输送到负载电阻 $R_L$，使输出电压 $U_L$ 和输出电流 $I_L$ 变为较平滑的直流电。

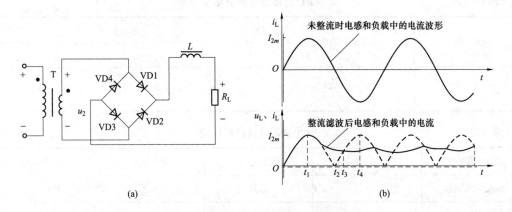

图 1.3-4 单相桥式整流电感滤波电路

（a）电路图；（b）负载电压波形

3. 电路特点

对整流二极管没有电流冲击，且电感越大，滤波效果越好，适用于电流较大的场合。但是电路器件体积大、笨重、成本高，输出电压低。

### 1.3.3 复式滤波电路与滤波电路性能比较

1. 复式滤波电路

有多种滤波器件的电路称为复式滤波电路。图 1.3-5（a）～（c）所示的电路分别是 r 型 $LC$ 滤波电路、π型 $LC$ 滤波电路、π型 $RC$ 滤波电路。

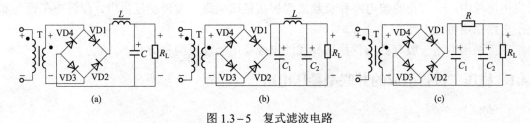

图 1.3-5 复式滤波电路

（a）r 型 $LC$ 滤波电路；（b）π 型 $LC$ 滤波电路；（c）π 型 $RC$ 滤波电路

r 型 $LC$ 滤波电路，如图 1.3-5（a）所示，电路经电感电容两次滤波，输出的电流和电压比电容滤波平稳。

π型 $LC$ 滤波电路，如图 1.3-5（b）所示，该滤波电路经电容电感电容三次滤波，输出的电流和电压比电感电容滤波平稳。

π型 $RC$ 滤波电路，如图 1.3-5（c）所示，该滤波电路经电容两次滤波，输出的电流和电压比电容滤波平稳。电阻 $R$ 越大，滤波效果越好。优点是体积越小，成本越低，电压损失越小；缺点是滤波效果越好，电压损失越大，输出电压越小。

π型 $RC$ 滤波电路部分电量关系见表 1.3-2。$U_2$ 为变压器二次绕组电压有效值。

2. 常用滤波电路性能比较

常用桥式滤波电路性能比较见表 1.3-3。

表 1.3－2　　　　　　　　　　　π 型 $RC$ 滤波电路部分电量关系

| 电路名称 | 带负载时输出电压 | 二极管选择 | |
| --- | --- | --- | --- |
| | | $I_F$ | $U_{RM}$ |
| 单相桥式整流π型 $RC$ 滤波电路 | $U_L = \dfrac{1.2U_2 R_L}{R + R_L}$ | $I_F = (1\sim1.5)\dfrac{U_L}{R_L}$ | $U_{RM} > \sqrt{2}U_2$ |

表 1.3－3　　　　　　　　　　　常用滤波电路性能比较

| 滤波电路名称 | 二极管冲击电流 | 负载能力 | 滤波效果 | 适用场合 |
| --- | --- | --- | --- | --- |
| 电容（$C$）滤波 | 大 | 较强 | 较差 | 电流较小 |
| 电感（$L$）滤波 | 小 | 强 | 较差 | 电流大 |
| r 型 $LC$ 滤波电路 | 小 | 强 | 较好 | 电流大 |
| π 型 $LC$ 滤波电路 | 大 | 较强 | 好 | 电流较小 |
| π 型 $RC$ 滤波电路 | 大 | 较差 | 较好 | 电流小 |

# 任务 1.4　直 流 稳 压 电 路

经过整流、滤波所得到的直流电压较平滑，纹波也较小，但输出的直流电压并不稳定，交流电网电压的波动、负载的变化和温度变化等因素，会使输出电压随之变化，所以在实际的供电电源中，一般在滤波电路和负载之间加接稳压电路，实现稳压供电，保证电子设备和电子电路稳定可靠工作。

直流稳压电路一般有稳压管稳压和线性集成稳压器稳压两种方式。

## 1.4.1　稳压二极管组成的并联型稳压电路

### 1. 电路组成

由硅稳压二极管组成的稳压电路如图 1.4－1 所示。$R$ 为限流电阻，稳压二极管 VZ 与负载电阻 $R_L$ 并联，所以该电路称为并联稳压电路。

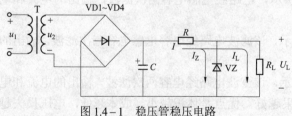

图 1.4－1　稳压管稳压电路

### 2. 工作原理

（1）当电网电压升高，$u_1$、$u_2$ 以及整流滤波电路输出电压（滤波电容两端电压 $U_C$）随着升高，引起稳压管 VZ 两端电压 $U_Z$ 升高，输出电压 $U_L$ 也增加。稳压二极管反向电压若有微小增加，就会引起反向电流 $I_Z$ 急剧增加，从而使流过限流电阻上的电压 $U_R$ 增加，结果是阻止了输出电压的上升，使输出电压 $U_L$ 保持基本稳定不变。其过程可描述为

$$U_I \uparrow \to U_L \uparrow \to U_Z \uparrow \to I_Z \uparrow \uparrow \to U_R \uparrow$$

$$U_L \downarrow = U_C - U_R$$

（2）当负载电阻 $R_L$ 减小时，使输出电流 $I_L$ 增大，通过限流电阻 $R$ 的电流及其电压降都增大，引起稳压管 VZ 两端电压 $U_Z$ 减小，输出电压 $U_L$ 也减小。根据稳压二极管反向击穿特性，反向电流 $I_Z$ 将急剧减小，当 $I_Z$ 的减小量与 $I_L$ 的增加量近似相等时，则通过限流电阻的电流 $I$ 及其电压降 $U_R$ 都基本维持不变，从而使输出电压 $U_L$ 保持稳定。其过程可描述为

$$R_L \downarrow \to I_L \uparrow \to I \uparrow \to U_R \uparrow \to U_L \downarrow \to U_Z \downarrow \to I_Z \downarrow \downarrow \to I \downarrow \to U_R \downarrow \to U_L \uparrow$$

（3）当电网电压下降或负载电阻增加时，稳压过程与上述情况相反。

综上所述，稳压管起着电流的自动调节作用，而限流电阻起着电压调整作用。稳压管的动态电阻越小，限流电阻越大，输出电压的稳定性越好。

### 1.4.2　认识集成稳压器

采用特殊加工工艺，将稳压电路中的分立元件及其连线制作在一块硅片内，即形成集成稳压电路，常用的集成稳压电路只有输入、输出及公共端三个端子，故称为三端集成稳压器。三端集成稳压器主要有两种：一种输出固定电压，称为固定式输出三端稳压器；另一种输出电压可在一定范围进行调节，称为可调式输出三端稳压器。由于三端稳压器只有三个引出端子，具有外接元件少，使用方便，性能稳定，价格低廉等优点，因而得到广泛应用。

#### 1. 固定式三端集成稳压器

（1）固定式三端集成稳压器的型号。目前常用的固定式三端集成稳压器分为 W78×× 系列和 W79×× 系列，W78×× 系列是正稳压器，它的输出电压是 +5V～+24V，W79×× 系列是负稳压器，它的输出电压是 −5V～−24V。

型号中后两位数字×× 代表输出电压值，例如 W 7805 的输出电压值为 +5V，W 7905 的输出电压值为 −5V。W78×× 系列和 W79×× 系列输出电流有 0.1A、0.5A 和 1.5A 三挡，在使用时，要根据电压的正负和电流的大小进行选择。

W78×× 系列和 W79×× 系列的引脚排列和实物封装如图 1.4−2 和图 1.4−3 所示。

W78×× 系列输出电压有 5V、6V、9V、12V、15V、18V、24V 等挡级。

W79×× 系列输出电压有 −5V、−6V、−9V、−12V、−15V、−18V、−24V 等挡级。

三端集成稳压器的输出电流有大、中、小之分，分别有不同符号表示。

输出为小电流，代号"L"。例如，78L××，最大输出电流为 0.1A。

输出为中电流，代号"M"。例如，78M××，最大输出电流为 0.5A。

输出为大电流，代号"S"。例如，78S××，最大输出电流为 1.5A。

例如：W78S05，表示输出电压为 5V、最大输出电流为 1.5A；W78M05，表示输出电压为 5V、最大输出电流为 0.5A；W78L05，表示输出电压为 5V、最大输出电流为 0.1A。

（2）固定三端输出稳压器应用电路示例。

1）固定输出连接。如图 1.4−4 所示为三端固定输出稳压器的常用接法。

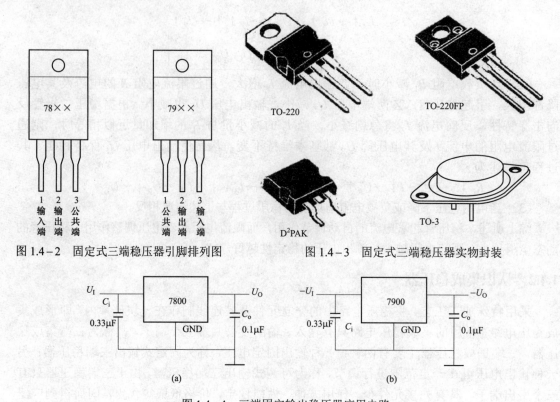

图 1.4-2 固定式三端稳压器引脚排列图　　　　图 1.4-3 固定式三端稳压器实物封装

图 1.4-4 三端固定输出稳压器应用电路

（a）78××系列正固定输出连接；（b）79××系列负固定输出连接

在使用时必须注意：$U_I$ 和 $U_O$ 之间的关系，以 W7805 为例，该三端稳压器的固定输出电压是 5V，而输入电压至少大于 8V，这样输入/输出之间有 3V 的电压差。使内部调整管保证工作在放大区。但电压差取得大时，又会增加集成块的功耗，所以，两者应兼顾，即既保证在最大负载电流时调整管不进入饱和，又不至于功耗偏大。

2）固定双组输出连接。如图 1.4-5 所示为固定双组输出电路图。正电压输出的 7806 系列，负电压输出的 7906 系列。其中 06 表示固定电压输出的数值，即表示"6V"。

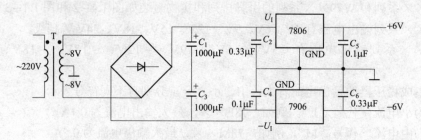

图 1.4-5 固定双组输出电路图

3）扩展输出电压的应用电路。如果需要高于三端集成稳压器的输出电压，可采用如图 1.4-6 所示的电路。其中，$U_{××}$ 表示集成稳压芯片的稳定电压，输出电压 $U_O = U_{××}(R_1 + R_2)/R_1$。

2. 三端可调稳压器及其应用电路

三端可调式集成稳压器输出电压可调，稳压精度高，输出纹波小，只需外接两只不同的电阻，即可获得各种输出电压。

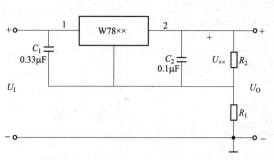

图 1.4－6　扩展输出电压的应用电路

（1）三端可调式集成稳压器分类。根据电压输出的正负，分为三端可调正电压集成稳压器和三端可调负电压集成稳压器。

三端可调式集成稳压器产品分类见表 1.4－1。其中型号中的第一个数字（1、2、3）代表产品类型，1 为军工，2 为工业，3 为一般民用。

表 1.4－1　　　　　　　　　三端可调式集成稳压器分类

| 类型 | 产品系列或型号 | 最大输出电流 $I_O$/A | 输出电压 $U_O$/V |
|---|---|---|---|
| 正电压输出 | LM117L/217L/317L | 0.1 | 1.2～37 |
| | LM117M217M/317M | 0.5 | 1.2～37 |
| | LM117 /217 /317 | 1.5 | 1.2～37 |
| | LM150/250/350 | 3 | 1.2～33 |
| | LM138/238/338 | 5 | 1.2～32 |
| | LM196/396 | 10 | 1.25～15 |
| 负电压输出 | LM137L/237L/337L | 0.1 | −37～−1.2 |
| | LM137M/237M/337M | 0.5 | −37～−1.2 |
| | LM137/237/337 | 1.5 | −37～−1.2 |

（2）引脚排列。三端可调式集成稳压器引脚排列图如图 1.4－7 所示。除输入端、输出端外，另一端称为调整端。

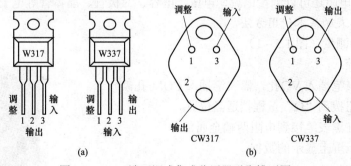

图 1.4－7　三端可调式集成稳压器引脚排列图

（a）TO－220 封装；（b）TO－3 封装

（3）三端可调式集成稳压器基本应用电路。三端可调式集成稳压电路如图 1.4－8 所示。$U_O = 1.2 \sim 37\text{V}$ 连续可调，$I_{OM} = 1.5\text{A}$，$I_{Omin} \geqslant 5\text{mA}$。LM317 的参考电压 $U_{REF}$ 固定在 1.2V，$I_{ADJ} = 50\mu\text{A}$，忽略不计。

$$U_O = 1.2(1 + R_2/R_1) \text{ (V)} \tag{1.4-1}$$

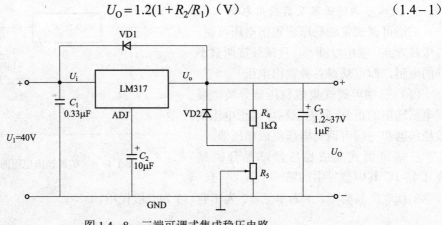

图 1.4-8　三端可调式集成稳压电路

在图 1.4-8 中，$C_2$ 是为了减小 $R_2$ 两端纹波电压而设置的，一般取 10μF。$C_3$ 是为了防止输出端负载呈感性时可能出现的阻尼振荡，取 1μF。$C_1$ 为输入端滤波电容，可抵消电路的电感效应和滤除输入线窜入干扰脉冲，取 0.33μF。VD1、VD2 是保护二极管，可选整流二极管 1N4148。

📖 思考与练习

说明固定式和可调式三端集成稳压器型号的含义，画出它们的基本应用电路。

# 任务 1.5　二极管的测试与稳压电路安装调试

## 1.5.1　数字万用表的使用及其二极管的测试

数字万用表是一种多用途的电子测量仪器，在电子线路等实际操作中有着重要的用途。它不仅可以测量电阻还可以测量电流、电压、电容、二极管、晶体管等电子元件和电路。

1. 数字万用表的基本使用方法

（1）电阻的测量（图 1.5-1）。

1）测量步骤：

① 首先红表笔插入 VΩ孔，黑表笔插入 COM 孔。

② 量程旋钮拨到 "Ω" 量程挡适当位置。

③ 分别用红黑表笔接到电阻两端金属部分。

④ 读出显示屏上显示的数据。

2）注意事项：

① 量程的选择和转换。量程选小了显示屏上会显示 "1."，此时应换用较大的量程；反之，量程选大了，显示屏上会显示一个接近于 "0" 的数，此时应换用较小的量程。

② 如何读数？显示屏上显示的数字再加上边挡位选择的单位就是它的读数。要提醒的是在 "200" 挡时单位是 "Ω"，在 "2k～

图 1.5-1　测电阻

200k"挡时单位是"kΩ",在"2M~2000M"挡时单位是"MΩ"。

③ 如果被测电阻值超出所选择量程的最大值,将显示过量程"1",应选择更高的量程,对于大于 1MΩ 或更高的电阻,要几秒钟后读数才能稳定,这是正常的。

④ 当没有连接好时,例如开路情况,仪表显示为"1"。

⑤ 当检查被测线路的阻抗时,要保证移开被测线路中的所有电源,所有电容放电。被测线路中,如有电源和储能元件,会影响线路阻抗测试正确性。

万用表的 200MΩ 挡位,短路时有 10 个字,测量一个电阻时,应从测量读数中减去这 10 个字。如测一个电阻时,显示为 101.0,应从 101.0 中减去 10 个字,被测元件的实际阻值为 100.0,即 100MΩ。

(2)直流电压的测量(图 1.5-2)。

1)测量步骤:

① 红表笔插入"V·Ω"孔。

② 黑表笔插入 COM 孔。

③ 量程旋钮拨到 V-或 V~适当位置。

④ 读出显示屏上显示的数据。

2)注意事项:

① 把旋钮选到比估计值大的量程挡(注意:直流挡是 V-,交流挡是 V~),接着把表笔接电源或电池两端;保持接触稳定,数值可以直接从显示屏上读取。

② 若显示为"1.",则表明量程太小,那么就要加大量程后再测量。

③ 若在数值左边出现"-",则表明表笔极性与实际电源极性相反,此时红表笔接的是负极。

(3)交流电压的测量(图 1.5-3)。

图 1.5-2 测直流电压

图 1.5-3 测交流电压

1)测量步骤:

① 红表笔插入"V·Ω"孔。

② 黑表笔插入 COM 孔。

③ 量程旋钮拨到 V-或 V~适当位置。

④ 读出显示屏上显示的数据。

2)注意事项:

① 表笔插孔与直流电压的测量一样，不过应该将旋钮拨到交流挡"V～"处所需的量程即可。

② 交流电压无正负之分，测量方法跟前面相同。

③ 无论测交流还是直流电压，都要注意人身安全，不要随便用手触摸表笔的金属部分。

（4）直流电流的测量（图 1.5 – 4）。

1）测量步骤：

① 断开电路。

② 黑表笔插入 COM 端口，红表笔插入 mA 或者 20A 端口。

③ 功能旋转开关打至 A～（交流）或 A–（直流），并选择合适的量程。

④ 断开被测线路，将数字万用表串联入被测线路中，被测线路中电流从一端流入红表笔，经万用表黑表笔流出，再流入被测线路中。

⑤ 接通电路。

⑥ 读出 LCD 显示屏数字。

2）注意事项：

① 估计电路中电流的大小。若测量大于 200mA 的电流，则要将红表笔插入"10A"插孔并将旋钮拨到直流"10A"挡；若测量小于 200mA 的电流，则将红表笔插入"200mA"插孔，将旋钮拨到直流 200mA 以内的合适量程。

② 将万用表串进电路中，保持稳定，即可读数。若显示为"1."，那么就要加大量程；如果在数值左边出现"–"，则表明电流从黑表笔流进万用表部分。

③ 其余与交流注意事项大致相同。

（5）交流电流的测量（图 1.5 – 5）。

图 1.5 – 4　测直流电流

图 1.5 – 5　测交流电流

1）测量步骤：

① 断开电路。

② 黑表笔插入 COM 端口，红表笔插入 mA 或者 20A 端口。

③ 功能旋转开关拨至 A～（交流）或 A–（直流），并选择合适的量程。

④ 断开被测线路，将数字万用表串联入被测线路中，被测线路中电流从一端流入红表笔，经万用表黑表笔流出，再流入被测线路中。

⑤ 接通电路。

⑥ 读出 LCD 显示屏数字。

2）注意事项：

① 测量方法与直流相同，不过挡位应该打到交流挡位。

② 电流测量完毕后应将红笔插回"V·Ω"孔，若忘记这一步而直接测电压，你的表或电源会烧毁而报废。

③ 如果使用前不知道被测电流范围，将功能开关置于最大量程并逐渐下降。

④ 如果显示器只显示"1"，表示过量程，功能开关应置于更高量程。

⑤ 表示最大输入电流为 200mA，过量的电流将烧坏熔丝，应再更换，20A 量程无熔丝保护，测量时不能超过 15s。

（6）电容的测量（图 1.5 – 6）。

1）测量步骤：

① 将电容两端短接，对电容进行放电，确保数字万用表的安全。

② 将功能旋转开关打至电容"F"测量挡，并选择合适的量程。

③ 将电容插入万用表 CX 插孔。

④ 读出 LCD 显示屏上数字。

2）注意事项：

① 测量前电容需要放电，否则容易损坏万用表。

② 测量后也要放电，避免埋下安全隐患。

③ 仪器本身已对电容挡设置了保护，故在电容测试过程中不用考虑极性及电容充放电等情况。

④ 测量电容时，将电容插入专用的电容测试座中（不要插入表笔插孔 COM、V/Ω）。

⑤ 测量大电容时，稳定读数需要一定的时间。

⑥ 电容的单位换算：$1\mu F = 10^6 pF$，$1\mu F = 10^3 nF$。

（7）二极管的测量（图 1.5 – 7）。

图 1.5 – 6  测电容

图 1.5 – 7  测二极管

1）测量步骤：

① 红表笔插入"V·Ω"孔，黑表笔插入 COM 孔。

② 转盘拨在（▷|）挡。

③ 判断正负。

④ 红表笔接二极管正，黑表笔接二极管负。

⑤ 读出 LCD 显示屏上数据。

⑥ 两表笔换位，若显示屏上为"1"，正常；否则此管被击穿。

2）注意事项：二极管正负好坏判断。红表笔插入 VΩ孔，黑表笔插入 COM 孔转盘拨在（ ▷|◁ ）挡然后颠倒表笔再测一次。如果两次测量的结果一次显示"1"字样，另一次显示零点几的数字，那么此二极管就是一个正常的二极管。假如两次显示都相同，那么此二极管已经损坏，LCD 显示屏上显示的一个数字即为二极管的正向压降：硅材料为 0.6V 左右；锗材料为 0.2V 左右。根据二极管的特性，可以判断此时红表笔接的是二极管的正极，而黑表笔接的是二极管的负极。

（8）数字万用表使用注意事项。

1）如果无法预先估计被测电压或电流的大小，则应先拨至最高量程挡测量一次，再视情况逐渐把量程减小到合适位置。测量完毕，应将量程开关拨到最高电压挡，并关闭电源。

2）满量程时，仪表仅在最高位显示数字"1"，其他位均消失，这时应选择更高的量程。

3）测量电压时，应将数字万用表与被测电路并联。测电流时应与被测电路串联，测直流量时不必考虑正、负极性。

4）当误用交流电压挡去测量直流电压，或者误用直流电压挡去测量交流电时，显示屏将显示"000"，或低位上的数字出现跳动。

5）禁止在测量高电压（220V 以上）或大电流（0.5A 以上）时换量程，以防止产生电弧，烧毁开关触点。

6）当万用表的电池电量即将耗尽时，液晶显示器左上角电池电量低提示。会有电池符号显示，此时电量不足，若仍进行测量，测量值会比实际值偏高。

2. 用数字万用表测试二极管

普通二极管的检测。根据普通二极管的型号，通过查阅《晶体管手册》，将该型号二极管的主要参数、所用材料等填入表 1.5 – 1 中。通过数字万用表测试普通二极管的极性、质量，将测试结果填入表 1.5 – 1 中，并分析其是否合格。

表 1.5 – 1　　　　　　　　　普通二极管的极性判别与质量检测记录

| | 器件型号 | 材料 | 用途 | 主要参数 | | |
|---|---|---|---|---|---|---|
| | | | | 最大正向平均电流 $I_F$/A | 最高反响工作电压 $U_{RM}$/V | 反向电流 $I_R$/A |
| 查阅参数 | | | | | | |
| | | | | | | |

| | 器件型号 | 万用表 200 欧姆挡 | | 万用表 2k 欧姆挡 | | 合格与否 |
|---|---|---|---|---|---|---|
| | | 正向阻值/Ω | 反向阻值/Ω | 正向阻值/Ω | 反向阻值/Ω | |
| 检测数据 | | | | | | |
| | | | | | | |

3. 稳压二极管的检测

根据稳压二极管的型号，通过查阅《晶体管手册》，将该型号二极管的主要参数、所用材料等填入表 1.5－2 中。通过数字万用表测试稳压二极管的极性、质量，将测试结果填入表 1.5－2 中，并分析其是否合格。

表 1.5－2　　　　　　　　　普通二极管的极性判别与质量检测记录

| | 器件型号 | 主要参数 | | |
| --- | --- | --- | --- | --- |
| | | 稳定电流 $I_F$/A | 稳定电压 $U_Z$/V | 额定功耗 $P_Z$/W |
| 查阅参数 | | | | |
| | | | | |
| | 器件型号 | 万用表 20k 欧姆挡 | | 合格与否 |
| | | 正向阻值/Ω | 反向阻值/Ω | |
| 检测数据 | | | | |
| | | | | |
| | | | | |

4. 发光二极管的检测

根据发光二极管的型号，通过查阅《晶体管手册》，将该型号二极管的主要参数、所用材料等填入表 1.5－3 中。通过数字万用表测试发光二极管的极性、质量，将测试结果填入表 1.5－3 中，并分析其是否合格。

表 1.5－3　　　　　　　　　发光二极管的极性判别与质量检测记录

| | 器件型号 | 主要参数 | | |
| --- | --- | --- | --- | --- |
| | | 正向电压降 $U_F$/V | 正向工作电流 $I_F$/A | 最大工作电流 $I_{CM}$/W |
| 查阅参数 | | | | |
| | | | | |
| | 器件型号 | 万用表 20k 欧姆挡 | | 合格与否 |
| | | 正向阻值/Ω | 反向阻值/Ω | |
| 检测数据 | | | | |
| | | | | |
| | | | | |

5. 检查评议（表 1.5－4）

表 1.5－4　　　　　　　　任 务 评 价 标 准

| 考核项目 | 配分 | 工艺标准 | 评 分 标 准 | 扣分记录 | 得分 |
| --- | --- | --- | --- | --- | --- |
| 观察识别能力 | 10 分 | 能正确识读二极管标志符号，判别二极管极性 | （1）识读二极管标志符号错误，每处扣 2 分<br>（2）二极管极性判别错误，每处扣 2 分 | | |

续表

| 考核项目 | 配分 | 工艺标准 | 评 分 标 准 | 扣分记录 | 得分 |
|---|---|---|---|---|---|
| 仪表使用能力 | 60 分 | 能区分不同类别的二极管，并利用万能表测量二极管正反向电阻，检测引脚极和质量 | （1）检测结果错误，每处扣 5 分；误差过大，每处扣 1 分<br>（2）二极管极性判别错误，每处扣 5 分<br>（3）不能区分不同类别的二极管，每处扣 5 分<br>（4）万能表使用不当，每处扣 2 分<br>（5）不能正确记录检测数据，每处扣 2 分 | | |
| 资料查阅能力 | 20 分 | 能根据不同型号的二极管，正确查阅主要参数 | （1）主要参数查阅错误，每处扣 2 分<br>（2）不会使用《二极管手册》查阅主参数，每处扣 10 分<br>（3）不能正确查阅检测数据，每处扣 2 分 | | |
| 安全文明生产 | 10 分 | 安全文明生产 | （1）违反安全操作规程，扣 10 分<br>（2）违反文明生产要求，扣 10 分 | | |
| 考评人 | | | 得分 | | |

## 1.5.2　稳压二极管组成稳压电路的安装调试

**1. 实训目的**

（1）让学生接触和实际应用二极管和稳压二极管等元器件。

（2）掌握普通二极管和稳压二极管的简单测试方法。

（3）增强学生的实际动手能力，提高学习兴趣。

**2. 实训器材**

万能线路板 1 块、二极管 1N4007×4 只、稳压二极管 2C5V1（或其他型号，稳压值在 6V 左右）1 只、发光二极管 1 只、150Ω/1W 限流电阻 1 只、1/4W 2kΩ 可变电阻器 1 只作负载用，1000μF/25V 电解电容一只、万用表 1 只、变压器 1 只，示波器 1 台。

其中变压器为整流变压器，整流变压器是整流设备的电源变压器。整流设备的特点是一次输入交流，而二次输出通过整流元件后输出直流。整流变压器的功能为供给整流系统适当的电压；减小因整流系统造成的波形畸变对电网的污染。整流变压器如图 1.5－8 所示。

图 1.5－8　整流变压器

**3. 电路图与接线图**

稳压电源的实验电路图及接线图如图 1.5－9 和图 1.5－10 所示。输入的 50Hz 交流信号经 VD1～VD4 构成的桥式整流后成为脉动直流信号，经电容 C 滤波后，经限流电阻 R 输出到负载。在输出端并联稳压二极管 VZ。只要输出电压不要太大或太小，则输出电压基本保持在稳压二极管的稳压值。图中 $R_1$ 为 LED 限流电阻。

**4. 实训内容和步骤**

（1）元器件的检测。

1）普通二极管的检测。

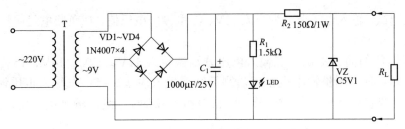

图 1.5-9　稳压二极管的典型应用电路图

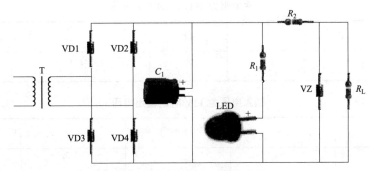

图 1.5-10　稳压二极管接线图

① 极性的判别。将万用表置于 R×100 挡或 R×1k 挡,两表笔分别接二极管的两个电极,测出一个结果后,对调两表笔,再测出一个结果。两次测量的结果中,有一次测量出的阻值较大(为反向电阻),一次测量出的阻值较小(为正向电阻)。在阻值较小的一次测量中,黑表笔接的是二极管的正极,红表笔接的是二极管的负极。

② 导电性能的检测及好坏的判断。通常锗材料二极管的正向电阻值为 1kΩ 左右,反向电阻值为 300kΩ 左右。硅材料二极管的正向电阻值为 5kΩ 左右,反向电阻值为 ∞(无穷大)。正向电阻越小越好,反向电阻越大越好。正、反向电阻值相差越悬殊,说明二极管的单向导电特性越好。

若测得二极管的正、反向电阻值均接近 0 或阻值较小,则说明该二极管内部已击穿短路或漏电损坏。若测得二极管的正、反向电阻值均为无穷大,则说明该二极管已开路损坏。

2)稳压二极管的检测。正、负电极的判别,从外形上看,金属封装稳压二极管管体的正极一端为平面形,负极一端为半圆面形。塑封稳压二极管管体上印有彩色标记的一端为负极,另一端为正极。对标志不清楚的稳压二极管,也可以用万用表判别其极性,测量的方法与普通二极管相同,即用万用表 R×1k 挡,将两表笔分别接稳压二极管的两个电极,测出一个结果后,再对调两表笔进行测量。在两次测量结果中,阻值较小那一次,黑表笔接的是稳压二极管的正极,红表笔接的是稳压二极管的负极。

若测得稳压二极管的正、反向电阻均很小或均为无穷大,则说明该二极管已击穿或开路损坏。正极接发光二极管的正极,红表笔接发光二极管的负极,正常的发光二极管应发光。

(2)电路板安装。

1)如图 1.6-4 所示接线图,在万能印制板上安装连接好电路。

2)测试安装好的电路输入端电阻,各实验小组互相检查有否短路和连接错误。

(3)通电测试。

1）通电测试。输入电压调整为交流 13V、测量输出电压值、在负载电阻调整在 1kΩ时的负载电流值。

2）稳压性能的简易测试。在输入电压分别调整为 11V、12V、14V、15V 和 5V 时，负载电阻为 1kΩ时，测量输出电压值，测量结果填入表 1.5－5；在输入电压调整为 13V，负载电阻分别调整为 0.5kΩ、0.75kΩ、1.25kΩ和 1.5kΩ时，测量输出电压值。测量结果填入表 1.5－6。

表 1.5－5                              负载电阻为 1kΩ 时的输出电压

| 输入电压（直流）/V | 11 | 12 | 14 | 15 | 5 |
|---|---|---|---|---|---|
| 输出电压/V | | | | | |

表 1.5－6                              输入电压为 13V 时的输出电压

| 负载电阻/kΩ | 0.5 | 0.75 | 1.25 | 1.5 |
|---|---|---|---|---|
| 输出电压/V | | | | |

5. 实训报告要求

（1）画出实训电路图，简单描述其工作原理。

（2）出实训步骤，记录实验的测量数据。

6. 安装的实物图

稳压二极管典型应用电路在万能印制电路板上安装的实物图如图 1.5－11 所示。

图 1.5－11  稳压二极管典型应用电路实物图

7. 评价标准（表 1.5－7）

表 1.5－7                              任 务 评 价 标 准

| 考核项目 | 配分 | 工 艺 标 准 | 评 分 标 准 | 扣分记录 | 得分 |
|---|---|---|---|---|---|
| 观察识别能力 | 10 分 | 能根据提供的任务进行设备、工具和材料的检查和筛选 | （1）设备、工具和材料清单错误，每处扣 2 分<br>（2）不能对元器件进行正确检测，每处扣 2 分 | | |

续表

| 考核项目 | 配分 | 工　艺　标　准 | 评　分　标　准 | 扣分记录 | 得分 |
|---|---|---|---|---|---|
| 电路组装能力 | 50 分 | （1）元件布局合理、紧凑<br>（2）导线横平、竖直，转角成直角，无交叉<br>（3）元器件间连接关系和原理图一致<br>（4）元器件安装平整、对称，电阻器、二极管水平安装，贴紧电路板<br>（5）绝缘恢复良好，紧固件牢固可靠<br>（6）未损伤导线绝缘层和元器件表面涂敷层<br>（7）焊点光亮、清洁，焊料适量，无漏焊、虚焊、假焊、搭焊、溅锡等现象<br>（8）焊接后元器件引脚剪脚留头长度小于 1mm | （1）布局不合理，每处扣 5 分<br>（2）导线不平直、转角不成直角每处扣 2 分，出现交叉每处扣 5 分<br>（3）元器件错装、漏装，每处扣 5 分<br>（4）元器件安装歪斜、不对称、高度超差每处扣 1 分<br>（5）绝缘恢复不符合要求，扣 10 分<br>（6）损伤绝缘层和元器件表面涂敷层，每处扣 5 分<br>（7）紧固件松动，每处扣 2 分<br>（8）焊点不光亮、不清洁，焊料不适量，漏焊、虚焊、假焊、搭焊、溅锡每处扣 1 分<br>（9）剪脚留头大于 1mm，每处扣 0.5 分 | | |
| 仪表使用能力 | 30 分 | 能区分不同类别的晶体管，并利用万能表测量二极管正、反向电阻，检测引脚极和质量 | （1）检测结果错误，每处扣 5 分；误差过大，每处扣 1 分<br>（2）示波器使用不当，每处扣 2 分<br>（3）不能正确、规范的记录检测数据，每处扣 2 分 | | |
| 安全文明生产 | 10 分 | 安全文明生产 | （1）违反安全操作规程，扣 10 分<br>（2）违反文明生产要求，扣 10 分 | | |
| 考评人 | | | 得分 | | |

## 1.5.3　可燃气体报警器集成稳压电路的安装与调试

1. 实训目的

（1）掌握集成直流稳压电源的工作原理。

（2）掌握集成直流稳压电源的组装与调试方法。

2. 实训器材（表 1.5－8）

表 1.5－8　　　　　　　　　　　　元　器　件　参　数

| 元件名称 | 数　　量 | 元件名称 | 数　　量 |
|---|---|---|---|
| 7805 | 1 | 万能印制板 | 1（100×90mm） |
| 电解电容（1000μF） | 2 | 磁片电容 104 | 2 |
| 变压器 | 1（7.5V/10W） | 二极管（IN4007） | 4 |
| 发光二极管（小） | 1 | 电阻（3.9k） | 1 |
| 螺钉 M4×12 | 2 | 螺钉 M4×20 | 4 |

3. 实训原理

稳压电源的组成框图如图 1.5－12 所示，集成直流稳压电源原理图如图 1.5－13 所示，可燃气体报警器集成稳压电路接线图如图 1.5－14 所示。220V 交流电加到变压器 T 的一次侧，经变压器降压后，从变压器二次侧 8V 的交流电压，经二极管 VD1～VD4 整流后，得到脉动直流电,再经滤波电容滤波后变成直流电。将此直流电压加到三端稳压器 LM7805 的输入端,从输出端就有稳定的直流电压输出。

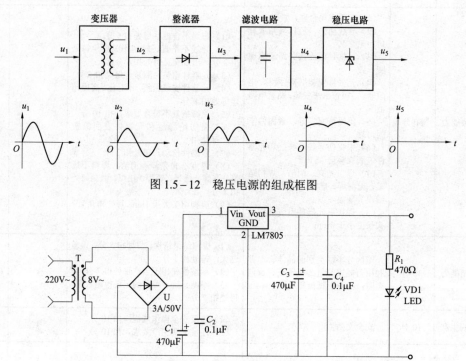

图 1.5 – 12　稳压电源的组成框图

图 1.5 – 13　可燃气体报警器集成稳压电路

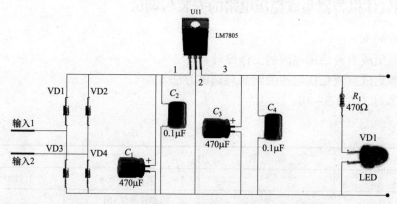

图 1.5 – 14　可燃气体报警器集成稳压电路接线图

### 4. 实训内容和步骤

(1) 组装电路。按步骤对照电路原理图和接线图进行元器件的焊接和测试。注意,稳压管 7805 要紧贴着焊接在底板,利用铜箔散热。

*(2) 整流电路的安装与测试。将四只整流二极管焊接后,用示波器分别观测变压器二次输出电压和经二极管整流后的电压波形,并将观测的波形画到表 1.5 – 9 中。示波器使用参阅本书 2.3.2 节。

**表 1.5 – 9**                                           电 压 波 形

| 二次输出电压波形 | 整流二极管后的电压波形 |
| --- | --- |
|  |  |

观察到变压器二次输出电压波形的峰 – 峰值为_____V。

观察到经二极管整流后的电压波形的峰 – 峰值为_____V。

用万用表交流电压挡测量变压器二次输出电压等于_____V；用万用表直流电压挡测量经二极管整流后的电压等于_____V。

（3）滤波电路的安装与测试。焊接滤波电容 $C_1$、$C_2$，用示波器观测经二极管整流电容滤波后的电压波形记录在表 1.5 – 10 中。

观察到经电容滤波后的电压 $U_{1a}$ 波形的峰 – 峰值为_____V。

用万用表直流电压挡测量经电容滤波后的电压为_____V。

**表 1.5 – 10**                                          电 压 波 形

| 电容滤波电压波形 | 稳压电压波形 |
| --- | --- |
|  |  |

（4）稳压电路的安装与测试。焊接三端集成稳压器 LM7805 及滤波电容 $C_3$、$C_4$ 后，用示波器观测输出端电压波形记录在表 1.5 – 4。

用万用表直流电压挡测量输出端电压为_____V。

（5）电路调试。在输出端接一个滑线变电阻器，分别调整测试电流为 0A，0.1A，0.3A，0.5A，0.7A，0.9A 等情况的电压。绘制稳压电源的"直流输出负载特性"参数，填入表 1.5 – 11 中。

**表 1.5 – 11**                               "直流输出负载特性"参数

| 输出电流/A | 0 | 0.1 | 0.3 | 0.5 | 0.7 |
| --- | --- | --- | --- | --- | --- |
| 输出电压/V |  |  |  |  |  |

5. 实训报告要求

（1）整理测量数据，填写表格。

（2）根据安装、调试的过程，针对出现的故障，自行分析故障，并排除故障。

6. 实物参考图（图 1.5 – 15）

图 1.5 – 15   集成稳压电路实物图

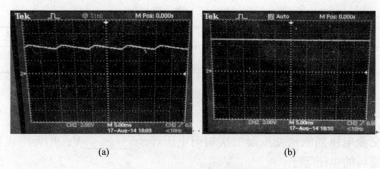

图 1.5－16 示波器数据参考

（a）整流滤波后波形；（b）输出电压波形

### 7. 评价标准（表 1.5－12）

表 1.5－12 　　　　　　　　　　　任 务 评 价 标 准

| 考核项目 | 配分 | 工 艺 标 准 | 评 分 标 准 | 扣分记录 | 得分 |
|---|---|---|---|---|---|
| 观察识别能力 | 10 分 | 能根据提供的任务进行设备、工具和材料的检查和筛选 | （1）设备、工具和材料清单错误，每处扣 2 分<br>（2）不能对元器件进行正确检测，每处扣 2 分 | | |
| 电路组装能力 | 50 分 | （1）元件布局合理、紧凑<br>（2）导线横平、竖直，转角成直角，无交叉<br>（3）元器件间连接关系和原理图一致<br>（4）元器件安装平整、对称，电阻器、二极管水平安装，贴紧电路板<br>（5）绝缘恢复良好，紧固件牢固可靠<br>（6）未损伤导线绝缘层和元器件表面涂敷层<br>（7）焊点光亮、清洁，焊料适量，无漏焊、虚焊、假焊、搭焊、溅锡等现象<br>（8）焊接后元器件引脚剪脚留头长度小于 1mm | （1）布局不合理，每处扣 5 分<br>（2）导线不平直、转角不成直角每处扣 2 分，出现交叉每处扣 5 分<br>（3）元器件错装、漏装，每处扣 5 分<br>（4）元器件安装歪斜、不对称、高度超差每处扣 1 分<br>（5）绝缘恢复不符合要求，扣 10 分<br>（6）损伤绝缘层和元器件表面涂敷层，每处扣 5 分<br>（7）紧固件松动，每处扣 2 分<br>（8）焊点不光亮、不清洁，焊料不适量，漏焊、虚焊、假焊、搭焊、溅锡每处扣 1 分<br>（9）剪脚留头大于 1mm，每处扣 0.5 分 | | |
| 仪表使用能力 | 30 分 | 能区分不同类别的晶体管，并利用万能表测量晶体管正反向电阻，检测引脚极和质量 | （1）检测结果错误，每处扣 5 分；误差过大，每处扣 1 分<br>（2）示波器使用不当，每处扣 2 分<br>（3）不能正确、规范的记录检测数据，每处扣 2 分 | | |
| 安全文明生产 | 10 分 | 安全文明生产 | （1）违反安全操作规程，扣 10 分<br>（2）违反文明生产要求，扣 10 分 | | |
| 考评人 | | | 得分 | | |

## 📖 单元小结

（1）二极管是由 PN 结制成的，PN 结由 P 型半导体和 N 型半导体相结合而成，PN 结具有单向导电性，即正向偏置导通，反向偏置截止。

（2）二极管的伏安特性是指通过它的电流和它两端电压之间的对应关系。通过伏安特性曲线可以将二极管的工作情况分为三个区域：正向导通、反向截止和反向击穿。

（3）二极管的主要参数有最大平均整流电流 $I_{FM}$、最高反向工作电压 $U_{RM}$、反向电流 $I_R$、最高工作频率 $f_M$，这些都是合理选择和使用二极管的主要依据。

（4）整流电路是利用二极管的单向导电性把交流电变成单向脉动直流电。常见整流电路有半波整流电路、全波整流电路和桥式整流电路。二极管要装接正确，否则会烧毁二极管。

（5）滤波电路是把整流电路输出电压中的波动成分尽可能减小，使之成为接近平稳的直流电。常用的滤波有电容滤波、电感滤波和复式滤波。

（6）电路要输出稳定的直流电压，在滤波后通常要采用稳压电路，稳压电路一般采用 W78××、W79××、L×17、L×37 等集成稳压器，它具有体积小、可靠性高、使用灵活、价格低等优点。

（7）二极管的极性及质量优劣可以通过万用表进行测量。

## 📖 练习题

### 一、填空题

1. PN 结具有单向导电性，_____偏置时导通，_____偏置时截止。

2. P 型半导体是在本征半导体上掺入_____价微量元素。

3. 半导体二极管 2AP7 是_____半导体材料制成的，2CZ56 是_____半导体材料制成的。

4. 将交流电压变成单方向的脉动电压的过程叫_____，它是利用二极管的_____来实现的。

5. 整流电路中二极管的选择主要需考虑_____和_____两个因素。

6. 在单相桥式全波整流电路中，若一个二极管虚焊开路，它将变成_____电路。

7. 二极管正向偏置电压大于_____电压时，二极管导通。

8. 当温度升高时，二极管的反向饱和电流将_____。

9. 发光二极管是_____器件，它能将电转变为_____。

### 二、判断题

1. 在 N 型半导体中如果掺入足够量的三价元素，可将其改型为 P 型半导体。（　　）

2. 因为 N 型半导体的多子是自由电子，所以它带负电。（　　）

3. PN 结在无光照、无外加电压时，结电流为零。（　　）

4. 发光二极管，正向偏置才会发光。（　　）

5. 光敏二极管使用时必须正向偏置。（　　）

6. 二极管的反向击穿电压大小与温度有关，温度升高反向击穿电压增大。（　　）

7. 稳压二极管正常工作时必须反偏，且反偏电流必须大于稳定电流 $I_Z$。（　　）

8. 当二极管两端正向偏置电压大于死区电压时，二极管才能导通。（　　）

9. 半导体二极管反向电压大于反向击穿电压后立即烧毁。（　　）

### 三、选择题

1. PN 结加正向电压时，硅管 PN 结电压为（　　）。

　　A. 0.7V　　　　　　B. 0.2V　　　　　　C. 0.3V

2. 稳压管的稳压区是其工作在（　　　）。

　　A. 正向导通　　　B. 反向截止　　　C. 反向击穿

3. 在本征半导体中加入（　　　）元素可形成 N 型半导体，加入（　　　）元素可形成 P 型半导体。

　　A. 五价　　　　　B. 四价　　　　　C. 三价

4. 当温度升高时，二极管的反向饱和电流将（　　　）。

　　A. 增大　　　　　B. 不变　　　　　C. 减小

5. 2CZ 型二极管以下说法正确的是（　　　）。

　　A. P 型锗材料制成，适用于小信号检波

　　B. N 型硅材料制成，适用于整流

　　C. N 型硅材料制成，适用于小信号检波

6. P 型半导体为掺杂半导体，具有（　　　）特点。

　　A. 带负电　　　　　　　　　　　　B. 空穴为多数载流子

　　C. 电子为多数载子　　　　　　　　D. 具有单向导电性

## 四、计算题

1. 写出图 1-1 所示各电路的输出电压值，设二极管导通电压 $U_D = 0.7V$。

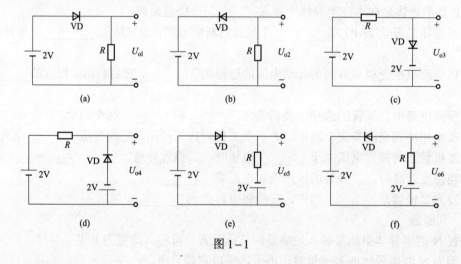

图 1-1

2. 已知稳压管的稳压值 $U_Z = 6V$，稳定电流的最小值 $I_{Zmin} = 5mA$。求图 1-2 所示电路中 $U_{o1}$ 和 $U_{o2}$ 各为多少伏。

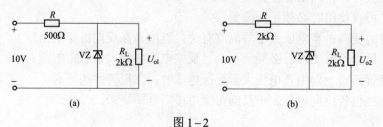

图 1-2

3. 图 1.2 – 2（a）所示电路，变压器二次绕组电压 $U_2 = 12V$，输出电压 $U_L$ 等于多少？若负载电阻 $R_L = 100\Omega$，流过二极管的电流 $I_D$ 等于多少？

4. 图 1.2 – 3 所示电路，变压器二次绕组电压 $U_2 = 9V$，输出电压 $U_L$ 等于多少？若负载电阻 $R_L = 500\Omega$，流过负载电阻的电流 $I_L$ 等于多少？

5. 图 1.2 – 5 所示电路，变压器二次绕组电压 $U_2 = 10V$，输出电压 $U_L$ 等于多少？若负载电阻 $R_L = 1k\Omega$，流过二极管的电流 $I_D$ 等于多少？

6. 图 1.3 – 2（a）所示电路，变压器二次绕组电压 $U_2 = 9V$，输出电压 $U_L$ 等于多少？若负载电阻 $R_L = 1k\Omega$，流过二极管的电流 $I_D$ 等于多少？

7. 图 1.3 – 2（b）所示电路，变压器二次绕组电压 $U_2 = 12V$，输出电压 $U_L$ 等于多少？若负载电阻 $R_L = 500\Omega$，流过负载电阻的电流 $I_L$ 等于多少？

8. 图 1.4 – 6 所示电路，集成稳压器型号为 CW78012，电阻 $R_2 = 1k\Omega$，$R_2 = 5.1k\Omega$，试计算电路输出电压。

# 项目 2　晶体管应用电路的安装与调试

## 学习目标

（1）了解晶体管的基本结构、特性曲线、主要参数。
（2）掌握晶体管管脚极性和质量优劣的检测方法。
（3）理解共射极放大电路的组成、工作原理及主要元件的作用。
（4）理解稳定静态工作点的意义，学会测量和调整基本放大电路的静态工作点。
（5）了解多级放大电路的耦合方式。
（6）学会分压式放大电路的制作与调试。
（7）学会示波器、信号发生器仪表的使用方法。

# 任务 2.1　认识晶体管

PN 结是构成各种半导体器件的核心。除用 PN 结制成二极管外，还可用二个 PN 结制成晶体管。晶体管的主要作用之一是用来组装放大电路。所谓放大电路，就是把微弱信号放大成较大信号。用晶体管组装成的放大电路实物图如图 2.1-1 所示。图中的 VT（9013）就是晶体管。

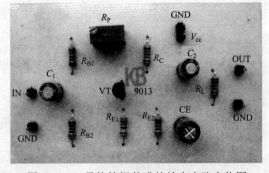

图 2.1-1　晶体管组装成的放大电路实物图

## 2.1.1　晶体管基础知识

### 1. 晶体管的结构与图形符号

多数载流子与少数载流子均参与导电的晶体管称为双极型晶体管，又称为晶体管。

晶体管按其结构分为 NPN 和 PNP 两类。晶体管结构与符号如图 2.1-2（a）、（b）所示。它们都有三个区，即集电区、基区、发射区；从这三个区引出的电极分别称为集电极 c、基极 b 和发射极 e。两个 PN 结：发射区与基区之间的 PN 结称为发射结，基区与集电区之间的 PN 结称为集电结。

为使晶体管具有电流放大作用，结构上有以下特点：① 基区很薄且载流子浓度低；② 发射区载流子浓度比集电区高得多；③ 集电结面积比发射结的面积大。因此，在使用时晶体管的发射极和集电极不能互换。

两种管子的电路符号用发射极箭头方向的不同以示区别，箭头方向表示发射结正偏时发射极电流的实际方向。图 2.1-2（a）所示为 NPN 型晶体管，图 2.1-2（b）所示为 PNP 型晶体管。

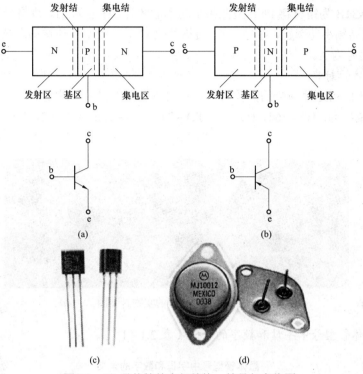

图 2.1 - 2　晶体管的内部结构、符号与实物图

（a）NPN 型；（b）PNP 型；（c）塑封晶体管实物图；（d）金属壳封装大功率晶体管实物图

**2. 晶体管分类**

　　晶体管种类很多，如图 2.1 - 3 所示。除上述的按结构分为 NPN 型和 PNP 型外，按工作频率可分为低频管和高频管，按功率大小可分为小功率管、中功率管和大功率管，按所用半导体材料分为硅管和锗管，按用途分为放大管和开关管等。

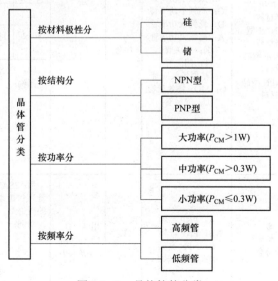

图 2.1 - 3　晶体管的分类

例如，3AX31B 为锗材料 PNP 型低频小功率晶体管，序号为 31，规格号为 B。3DG6C 为硅材料 NPN 型高频小功率管，序号为 6，规格号为 C。3DA2A 为硅材料高频大功率晶体管，序号为 2，规格号为 A。

3. 各种晶体管封装

对于各种不同用途及场合的晶体管，其封装也会有着很大的差别，如图 2.1-4 所示，从左到右的封装依次为：TO-264，TO-47，TO-220，TO-126，TO-92，TO-252，SOT-89，SOT-23 等。

图 2.1-4　晶体管的实物封装图

4. 各国晶体管型号中字母和数字的含义（表 2.1-1）

表 2.1-1　　　　　　　　　晶体管型号中字母和数字的含义

| 产地 ＼ 型号部分 | 一 | 二 | 三 | 四 | 五 | 说　明 |
|---|---|---|---|---|---|---|
| 中国 | 3（三个极） | A：PNP 型锗材料<br>B：NPN 型锗材料<br>C：PNP 型硅材料<br>D：NPN 型硅材料 | X：低频小功率管<br>G：高频小功率管<br>D：低频大功率管<br>A：高频大功率管<br>K：开关管<br>T：闸流管<br>J：结型场效应管<br>O：MOS 场效应管<br>U：光敏管 | 序号 | 规格（可缺） | 管顶色点与 $\beta(h_{FE})$ 对应关系（只能作为参考值）<br><br>棕 5~15　红 15~25　橙 25~40　黄 40~55　绿 55~80<br>蓝 80~120　紫 120~180　灰 180~270　白 270~400　黑 400~600<br><br>例：3DX 表示 NPN 型低频小功率管<br>图例：蓝点 3DX 201 |
| 日本 | 2（2 个 PN 结） | S（日本电子工业协会） | A：PNP 高频<br>B：PNP 低频<br>C：NPN 高频<br>D：NPN 低频 | 两位以上数字表示登记号 | 用 A、B、C…字母表示 $\beta$ 大小 | 例：2SA732，简化标志为 A732，表示该管为 PNP 型高频管。C1942A 实为 2SC1942 的改进型<br>图例：S9014 C338 |

续表

| 产地 ＼ 型号部分 | 一 | 二 | 三 | 四 | 五 | 说　明 |
|---|---|---|---|---|---|---|
| 美国 | 2（2 个 PN 结） | N（美国电子工业协会） | 多位数字表示登记序号 | | | 美国产品符号仅表示产地，而不表示规格和用途 |
| 欧洲 | A：锗管 B：硅管 | C：低频小功率 D：低频大功率 F：高频小功率 L：高频大功率 S：小功率开关管 U：大功率开关管 | 三位数字表示登记序号 | 用 A、B、C…表示 $\beta$ 的大小 | | 例：BF100-A 表示高频小功率管 100 的改进型 图例：<br>BF 100-A |

## 2.1.2　晶体管放大作用

### 1. 晶体管放大的基本条件

要使晶体管具有放大作用，必须要有合适的偏置条件，即发射结正向偏置，集电结反向偏置。对于 NPN 型晶体管，必须保证集电极电压高于基极电压，基极电压又高于发射极电压，即 $U_C > U_B > U_E$；而对于 PNP 型晶体管，则与之相反，即 $U_C < U_B < U_E$。

### 2. 晶体管的电流放大作用

用 NPN 型晶体管构成的电流分配实验电路如图 2.1-5 所示。电路中，用三只电流表分别测量晶体管的集电极电流 $I_C$、基极电流 $I_B$ 和发射极电流 $I_E$，它们的方向如图中箭头所示。基极电源 $U_{BB}$ 通过基极电阻 $R_b$ 和电位器 $R_P$ 给发射结提供正偏压 $U_{BE}$；集电极电源 $U_{CC}$ 通过集电极电阻 $R_C$ 给集电极与发射极之间提供电压 $U_{CE}$。

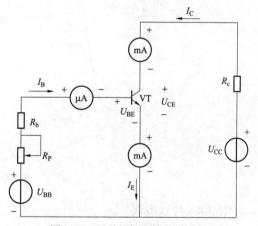

调节电位器 $R_P$，可以改变基极上的偏置电压 $U_{BE}$ 和相应的基极电流 $I_B$。而 $I_B$ 的变化又将引起 $I_C$ 和 $I_E$ 的变化。每一个 $I_B$ 值，就有一组 $I_C$ 和 $I_E$ 值与之对应，该实验所得数据见表 2.1-2。

图 2.1-5　晶体管电流测试电路

| 表 2.1-2 | | 晶体管三个电极上的电流分配 | | | |
|---|---|---|---|---|---|
| $I_B$/mA | 0 | 0.01 | 0.02 | 0.03 | 0.04 | 0.05 |
| $I_C$/mA | 0.01 | 0.56 | 1.14 | 1.74 | 2.33 | 2.91 |
| $I_E$/mA | 0.01 | 0.57 | 1.16 | 1.77 | 2.37 | 2.96 |

分析表 2.1-2 所列的每一列数据，可得出以下结论：

（1）发射极电流等于基极电流与集电极电流之和，符合基尔霍夫电流定律。

$$I_E = I_B + I_C \tag{2.1-1}$$

（2）输出电流 $I_C$ 比输入电流 $I_B$ 要大很多，且对每一确定晶体管比值基本不变，这一比值称为晶体管共发射极直流电流放大系数，用 $\overline{\beta}$ 表示。

$$\overline{\beta} \approx \frac{I_C}{I_B} \tag{2.1-2}$$

（3）当基极电流 $I_B$ 从 0.02mA 变化到 0.03mA 即 $\Delta i_B = 0.01$mA 时，集电极电流 $I_C$ 随之从 1.14mA 变化到了 1.74mA，即 $\Delta i_C = 0.6$mA，集电极电流变化量 $\Delta i_C$ 与基极电流变化量 $\Delta i_B$ 的比值，称为晶体管共发射极交流电流放大系数，用 $\beta$ 表示。

$$\beta = \frac{\Delta i_C}{\Delta i_B} \tag{2.1-3}$$

说明被测晶体管的 $\beta = 0.6$mA$/0.01$mA$= 60$。输出电流变化量 $\Delta I_C$ 比输入电流变化量 $\Delta I_B$ 要大很多，说明晶体管具有放大作用。

## 2.1.3　晶体管的特性

图 2.1-5 所示电路也是晶体管的特性曲线测试电路。通过测试，测得特性曲线如图 2.1-6 所示。

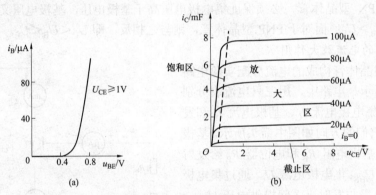

图 2.1-6　晶体管特性曲线

（a）输入特性；（b）输出特性

### 1. 输入特性曲线

输入特性曲线是指当集-射极之间的电压 $U_{CE}$ 为定值时，输入回路中的基极电流 $I_B$ 与加在基-射极间的电压 $U_{BE}$ 之间的关系曲线。晶体管输入特性曲线如图 2.1-6（a）所示。

与二极管正向伏安特性一样，晶体管输入特性曲线中也存在一段死区。硅管的死区电压为 0.5V，锗管的死区电压约为 0.1V。只有在发射结电压 $U_{BE}$ 超过死区电压时，即硅管的 $U_{BE}$ 为 0.6～0.7V，锗管的 $U_{BE}$ 为 0.2～0.3V，晶体管才能正常工作。

### 2. 输出特性曲线

输出特性曲线是指当基极电流 $I_B$ 为定值时，输出电路中集电极电流 $I_C$ 与集-射极间的电压 $U_{CE}$ 之间的关系曲线。每一个 $I_B$ 值就有一条曲线与之对应，所以晶体管的输出特性曲线是一组曲线族。晶体管的输出特性曲线如图 2.1-6（b）所示。

### 3. 工作状态

根据输出特性曲线，晶体管的工作状态可以分为截止区、饱和区和放大区。

（1）截止区。$I_B=0$ 以下区域为截止区，有 $I_C \approx 0$，$U_{CE} \approx U_{CC}$。

条件：发射结反向偏置、集电结反向偏置。

在此区域，晶体管没有电流放大作用，相当于一个开关处于断开状态。

（2）饱和区。$U_{CE} \leqslant U_{BE}$ 时，晶体管处于饱和状态。

条件：发射结正向偏置、集电结正向偏置。

在此区域，各 $I_B$ 值所对应的输出特性曲线几乎重合在一起，即 $I_C$ 不受 $I_B$ 的控制，晶体管没有电流放大作用，$U_{CE}$ 值称为饱和压降 $U_{CES}$，硅管 $U_{CES} \approx 0.3V$，相当于一个开关处于闭合状态。

（3）放大区。当发射结正向偏置，$U_{BE}$ 大于死区电压，集电结反向偏置，$U_{CE} > U_{BE}$ 基极电流大于 0，在此区域，$I_C$ 受 $I_B$ 控制，晶体管具有电流放大作用，这一区域称为放大区。$I_C$ 的变化与 $I_B$ 的变化成正比，$\Delta I_C = \beta \Delta I_B$，特性曲线之间间距基本相等，且相互平行，因此又称线性区。

### 4. 晶体管的主要参数

（1）共射电流放大系数 $\beta$。晶体管的 $\beta$ 值一般在 20～200 之间。$\beta$ 值的选择并不是越大越好，一般高 $\beta$ 值管子受温度影响大，工作不稳定，且 $\beta$ 太大易引起自激振荡。通常 $\beta$ 值选 40～100 之间。但对于低噪声、高 $\beta$ 值的管子，例如 9014、9015，$\beta$ 值达到数百时，温度稳定性照样好。

（2）极间反向电流 $I_{CBO}$、$I_{CEO}$。下标中 O 表示相应的电极开路，$I_{CEO}$ 是晶体管基极开路，集电极与发射极之间加上电压时的电流，又称为穿透电流。$I_{CBO}$、$I_{CEO}$ 都随温度升高而增大，$I_{CEO}$ 越小，其温度稳定性越好。硅管的穿透电流比锗管小。

（3）集电极最大允许电流 $I_{CM}$。$I_C$ 超过一定数值后，$\beta$ 将明显下降。一般以 $\beta$ 下降到正常值的 2/3 时的 $I_C$ 值作为集电极最大允许电流 $I_{CM}$。当 $I_C \gg I_{CM}$ 时，晶体管会损坏。

（4）集-射极反向击穿电压 $U_{(BR)CEO}$。指发射极开路时，集电极-基极之间允许施加的最高反向电压，其值通常为几十伏，有的管子高达几百伏以上。超过此值，集电结发生反向击穿。

（5）集电极最大允许耗散功耗 $P_{CM}$。$P_{CM}$ 指集电结允许功率损耗的最大值。为防止工作温度过高而损坏，大功率晶体管通常加装散热片。

### 5. 温度对晶体管特性曲线的影响

晶体管的特性曲线并不是一成不变的，它很容易受到环境温度的影响。温度升高会对晶体管的主要参数及集电极电流的影响，几乎所有的晶体管参数都与温度有关，因此不容忽视。温度对下列的三个参数影响最大。

（1）对 $\beta$ 的影响。晶体管的 $\beta$ 随温度的升高将增大，温度每上升 1℃，$\beta$ 值约增大 0.5%～1%，其结果是在相同的 $I_B$ 情况下，集电极电流 $I_C$ 随温度上升而增大。

（2）对反向饱和电流 $I_{CEO}$ 的影响。$I_{CEO}$ 是由少数载流子漂移运动形成的，它与环境温度关系很大，$I_{CEO}$ 随温度上升会急剧增加。温度上升 10℃，$I_{CEO}$ 将增加一倍。由于硅管的 $I_{CEO}$ 很小，所以，温度对硅管 $I_{CEO}$ 的影响不大。

（3）对发射结电压 $u_{BE}$ 的影响。和二极管的正向特性一样，温度上升 1℃，$u_{BE}$ 将下降 2～

2.5mV。

📖 **思考与练习**

想一想晶体管具有电流放大的条件是什么？简述晶体管的三种工作状态及特点。

# 任务 2.2 认识晶体管放大电路

## 2.2.1 放大电路基础知识

放大电路又称为放大器。所谓"放大"就是将输入的微弱信号（电压、电流等）转变为较强信号。其实质就是以微弱信号控制放大电路工作，把电源能量转变成与微弱信号相对应的较大能量的大信号，放大电路的本质是能量的控制和转换。放大电路信号流程如图 2.2-1所示。

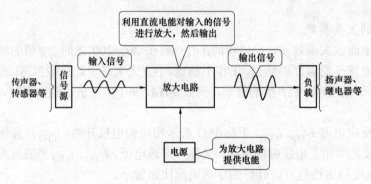

图 2.2-1 放大电路信号流程

1. 放大电路的基本要求

放大电路完成预定的放大功能，必须满足以下要求：

（1）应具备为放大器提供能量的直流电源。电源的极性应满足晶体管发射结正偏、集电结反偏，使晶体管工作在放大区。

（2）电路稳定性要好。

（3）元器件参数的选择要保证信号能不失真地放大，即非线性失真要小。

（4）应具有一定的通频带。

放大框图如图 2.2-2所示。

2. 放大电路的主要性能指标

放大电路的主要性能指标有放大倍数、输入电阻、输出电阻、最大输出幅值、通频带、最大输出功率、效率和非线性失真系数等，本节主要介绍前三种性能指标，其他的性能指标将在后面有关章节中阐述。

（1）放大倍数。放大倍数是衡量放大电路放大能力的指标，常用 $A$ 表示。放大倍数可分为电压放大倍数、电流放大倍数和功率放大倍数等。

放大电路输出电压与输入电压之比，称为电压放大倍数，用表示 $A_u$，即

$$A_u = \frac{u_o}{u_i} \qquad (2.2-1)$$

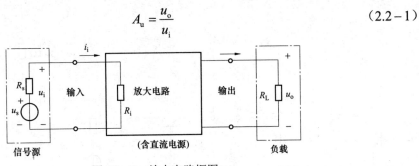

图 2.2 - 2　放大电路框图

放大电路输出电流与输入电流之比，称为电流放大倍数，用 $A_i$ 表示，即

$$A_i = \frac{i_o}{i_i} \qquad (2.2-2)$$

（2）输入电阻。输入电阻就是向放大电路输入端看进去的交流等效电阻，用 $R_i$ 表示。在数值上等于输入电压 $U_i$ 与输入电流 $I_i$ 之比，即

$$R_i = \frac{U_i}{I_i} \qquad (2.2-3)$$

$R_i$ 相当于信号源的负载，$R_i$ 越大，信号源的电压更多地传输到放大电路的输入端。在电压放大电路中，希望 $R_i$ 大一些。

（3）输出电阻。输出电阻就是从放大电路输出端（不包括 $R_L$）看进去的交流等效电阻，用 $R_o$ 表示。如把放大器看成一个电源，$R_o$ 相当于电源内阻，如图 2.2 - 3 所示。

图 2.2 - 3　输出电阻 $R_o$ 的求法

$R_o$ 越小，电压放大电路带负载能力越强，且负载变化时，对放大电路影响也小，所以 $R_o$ 越小越好。

## 2.2.2　基本共射放大电路

由于晶体管有三个电极，所以它在放大电路中有三种连接方式（或称三种组态），即共基极、共发射极和共集电极连接，如图 2.2 - 4 所示。以发射极为输入回路和输出回路的公共端时，即称为共发射极连接，其余类推。无论是哪种连接方式，要使晶体管有放大作用，都必须保证晶体管发射结正偏，集电结反偏。

下面以共射放大电路为例，讨论它们的电路结构、工作原理及分析方法。

1. 共射放大电路的组成及放大电路各元件的作用

基本共射放大电路组成如图 2.2 - 5 所示。

对照图 2.2 - 5，基本共射放大电路中各元件的作用如下：

（1）晶体管 VT。VT 起电流放大作用，是放大电路的核心器件。

（2）直流电源 $V_{CC}$。$V_{CC}$ 有两个作用：一是通过 $R_b$ 和 $R_c$ 为晶体管的发射结提供正偏电压，为集电结提供反偏电压，保证晶体管工作于放大区；二是为放大电路提供能源。

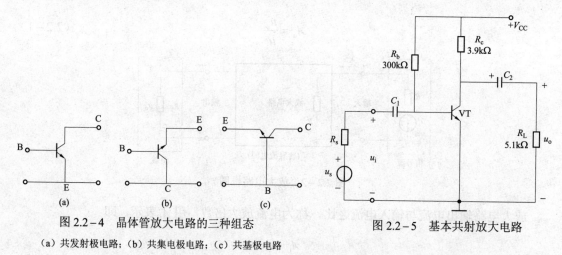

图 2.2－4　晶体管放大电路的三种组态

（a）共发射极电路；（b）共集电极电路；（c）共基极电路

图 2.2－5　基本共射放大电路

（3）基极偏置电阻 $R_b$。使发射结获得正偏置电压，向晶体管的基极提供合适的偏置电流。

（4）集电极负载电阻 $R_c$。把晶体管的电流放大转换为电压放大，其阻值的大小影响放大器的电压放大倍数。

（5）耦合电容 $C_1$、$C_2$。$C_1$ 和 $C_2$ 分别称为输入、输出耦合电容，也称为隔直电容，因为它们在电路中起通交流隔直流的作用，避免放大电路的输入端与信号源之间、输出端与负载之间的相互影响。一般它们取值较大，选用电解电容器，使用时极性不能接错。

2. 放大电路中的直流通路和交流通路

在放大电路中，直流量和交流量共存。由于电容、电感等电抗元件的存在，使直流量所流经的通路与交流量所流经的通路是不完全相同的。直流量是电路偏置电源所产生的，为晶体管能正常放大提供偏置电压，要放大的是变化的交流信号，它叠加在直流上进行放大。

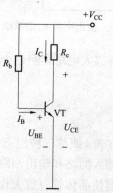

图 2.2－6　基本共射放大电路的直流通路

（1）直流通路。直流通路是指放大电路未加输入信号时，在直流电源作用下直流电流流经的通路。画直流通路的原则为：电容视为开路；电感线圈视为短路。画出图 2.2－3 所示共射放大电路的直流通路如图 2.2－6 所示。

（2）静态工作点的计算。未加输入信号时（$u_i=0$）放大电路的工作状态，称为"静态"。电路中各处的直流电流和直流电压 $I_B$、$I_C$、$U_{CE}$ 值称为静态工作点 $Q$（$I_{BQ}$、$I_{CQ}$、$U_{CEQ}$）。静态工作点的计算需借助于放大电路的直流通路，如图 2.2－6 所示。

对于基极回路，由基尔霍夫电压定律可知

$$I_{BQ}=\frac{V_{CC}-U_{BEQ}}{R_b} \tag{2.2-4}$$

式中，$U_{BEQ}$ 是晶体管发射结的正向压降，其值基本上是确定的，即硅管约为 0.7V，锗管约为

0.3V。由于通常 $V_{CC} \gg U_{BEQ}$，因此在估算 $I_{BQ}$ 时可忽略 $U_{BEQ}$ 的影响，上式可写成

$$I_{BQ} \approx \frac{V_{CC}}{R_b} \qquad (2.2-5)$$

根据电流放大作用，有

$$I_{CQ} = \beta I_{BQ} \qquad (2.2-6)$$

对于集电极回路

$$U_{CEQ} = V_{CC} - I_{CQ} R_C \qquad (2.2-7)$$

**【例 2.2-1】** 图 2.2-5 所示电路，$V_{CC} = 12V$，晶体管为 3DG100，$\beta = 50$，估算静态工作点 $Q$。

**解：** 画出该电路直流通路如图 2.2-6 所示。

$$I_{BQ} = \frac{V_{CC} - U_{BEQ}}{R_b} \approx \frac{V_{CC}}{R_b} = 40\,\mu A$$

$$I_{CQ} = \beta I_{BQ} = 2mA$$

$$U_{CEQ} = V_{CC} - I_{CQ} R_c = 12V - 7.8V = 4.2V$$

（3）交流通路。交流通路是指在交流信号作用下，交流信号流经的通路。它用于研究放大电路的动态参数及性能指标等问题。

画交流通路的原则为：电容视为短路；直流电源视为短路。

图 2.2-5 所示共射放大电路的交流通路如图 2.2-7 所示。

**3. 共射放大电路的工作原理**

共发射极基本放大电路工作原理如图 2.2-8 所示。

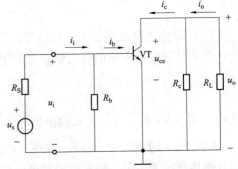

图 2.2-7　共射放大电路的交流通路

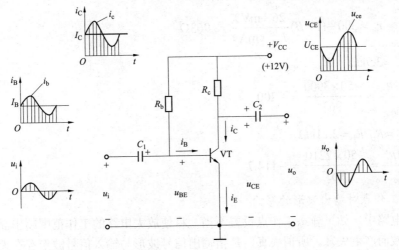

图 2.2-8　共射放大电路中各处电压、电流波形图

待放大的输入信号 $u_i$ 接在基极回路，负载电阻 $R_c$ 接在集电极回路，$R_c$ 两端的电压变化量 $u_o$ 就是输出电压。由于发射结电压增加了 $u_i$（由 $U_{BE}$ 变成 $U_{BE}+u_i$）引起基极电流增加了 $\Delta I_B$，集电极电流随之增加了 $\Delta I_C$，$\Delta I_C=\beta\Delta I_B$，它在 $R_c$ 形成输出电压 $u_o=\Delta I_C R_c=\beta\Delta I_B R_c$。只要 $R_c$ 取值较大，便有 $u_o \gg u_i$，从而实现了放大。

**4. 放大电路输入电阻、输出电阻和电压放大倍数估算**

（1）放大电路输入电阻估算。输入电阻就是向放大电路输入端看进去的交流等效电阻，由图 2.2 – 7 可知

$$R_i = \frac{U_i}{I_i} = R_b // r_{be} \tag{2.2-8}$$

式中，$r_{be}$ 晶体管基极、发射极间的等效电阻，$r_{be}$ 可用公式 $r_{be}=300+(1+\beta)\dfrac{26（mV）}{I_{EQ}（mA）}$ 估算。

$r_{be}$ 一般为 1kΩ左右。在基本共射电路中，$R_b$ 通常为几十千欧至几百千欧，所以

$$R_i \approx r_{be} \tag{2.2-9}$$

（2）放大电路输出电阻估算。输出电阻就是从放大电路输出端（不包括 $R_L$）看进去的交流等效电阻，由图 2.2 – 7 可知

$$R_o \approx R_c \tag{2.2-10}$$

（3）放大电路电压放大倍数估算。放大电路输出电压与输入电压之比，称为电压放大倍数，基本共射电路电压的放大倍数可由下式估算

$$A_u = \frac{-\beta R_L'}{r_{be}} \tag{2.2-11}$$

式中，$R_L'=R_c // R_L$，负号表示输出信号电压与输入信号电压的相位相反，为 180°。

**【例 2.2 – 2】**图 2.2 – 5 所示电路，$V_{CC}=12V$，晶体管为 3DG100，$\beta=50$，（1）若负载电阻开路估算输入电阻、输出电阻和电压放大倍数；（2）若负载电阻为 5.1kΩ，电压放大倍数为多大？

**解：**画出该电路交流通路如图 2.2 – 7 所示。

（1）$R_i \approx r_{be}=300+(1+\beta)\dfrac{26（mV）}{I_{EQ}（mA）} \approx 963\Omega$

$R_o \approx R_c=3.9k\Omega \quad R_L'=R_C$

$A_u = \dfrac{-\beta R_C}{r_{be}} = \dfrac{-50\times3900}{963} = -200$

（2）$R_L'=R_c // R_L=2.21k\Omega$

$A_u = \dfrac{-\beta R_L'}{r_{be}} = \dfrac{-50\times2210}{963} = -114.7$

**5. 静态工作点对输出波形的影响**

在放大电路中，如果静态工作点设置不当，将使放大电路的工作范围超出晶体管特性曲线的线性区域而产生失真。所谓失真，是指输出信号波形与输入信号波形存在差异。这种由于晶体管特性的非线性造成的失真称为非线性失真。

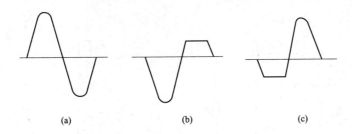

图 2.2－9　截止失真和饱和失真

（a）正常波形；（b）截止失真；（c）饱和失真

（1）截止失真。如图 2.2－9（b）所示，当静态工作点设置在 Q 点时（静态工作点偏低），$i_B$ 严重失真，使 $i_C$ 的负半周和 $u_{CE}$ 的正半周进入截止区而造成失真，因此称为"截止失真"。解决的办法是提高静态工作点（减小 $R_b$），使其动态工作进入线性区。

（2）饱和失真。如图 2.2－9（c）所示，静态工作点设置在 Q 点（静态工作点偏高），这时虽然 $i_B$ 正常，但 $i_C$ 的正半周和 $u_{CE}$ 的负半周出现失真。这种失真是由于 Q 点过高，使其动态工作进入饱和区而引起的失真，因而称为"饱和失真"。解决的办法是减小静态工作点（增加 $R_b$），使其动态工作进入线性区。

### 2.2.3　分压式共射放大电路组成

基本共射放大电路最大的缺点，是电路本身的静态工作点不够稳定，会受温度等因素的影响发生变化，致使电路出现异常。

要稳定放大器的静态工作点，必须在电路结构上采取一定的措施。最常用的措施是在基本放大电路的基础上增加分压式偏置电路。

1. 分压式偏置放大电路的组成

分压式偏置放大电路如图 2.2－10 所示。VT 是放大管；$R_{b1}$、$R_{b2}$ 是偏置电阻，$R_{b1}$、$R_{b2}$ 组成分压式偏置电路，将电源电压 $V_{CC}$ 分压后加到晶体管的基极；$R_e$ 是射极电阻，还是负反馈电阻；$C_e$ 是旁路电容与晶体管的射极电阻 $R_e$ 并联，$C_e$ 的容量较大，具有"隔直流、通交流"的作用，使此电路有直流负反馈而无交流负反馈，即保证了静态工作点的稳定性，同时又保证了交流信号的放大能力没有降低。

2. 稳定静态工作点的原理

分压式偏置放大电路的直流通路如图 2.2－11 所示。当温度 T 升高，$I_{CQ}$ 随着升高，$I_{EQ}$ 也会升高，电流 $I_{EQ}$ 流经射极电阻 $R_e$ 产生的压降 $U_{EQ}$ 也升高。又因为 $U_{BEQ}=U_{BQ}-U_{EQ}$，如果基极电位 $U_{BQ}$ 是恒定的，且与温度无关，则 $U_{BEQ}$ 会随 $U_{EQ}$ 的升高而减小，$I_{BQ}$ 也随之自动减小，结果使集电极电流 $I_{CQ}$ 减小，从而实现 $I_{CQ}$ 基本恒定的目的。如果用符号"↓"表示减小，用"↑"表示增大，则静态工作点稳定过程可表示为

$$T\uparrow \rightarrow I_{CQ}\uparrow \rightarrow I_{EQ}\uparrow \rightarrow U_{EQ}\downarrow \rightarrow (U_B 固定)\rightarrow U_{BEQ}\downarrow \rightarrow I_{BQ}\downarrow \rightarrow I_{CQ}\downarrow$$

3. 分压式偏置电路静态工作点的计算

由图 2.2－9 所示直流通路，可估算出它的静态工作点。

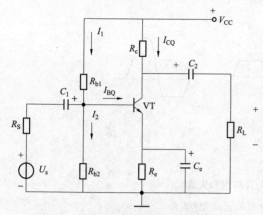

图 2.2 – 10　分压式共射放大电路

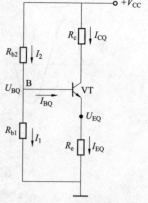

图 2.2 – 11　分压式偏置电路直流通路

$$U_{BQ} \approx \frac{R_{B2}}{R_{B1} + R_{B2}} V_{CC}$$

$$I_{CQ} \approx I_{EQ} = \frac{U_{BQ} - U_{BEQ}}{R_e}$$

$$I_{BQ} = \frac{I_{CQ}}{\beta}$$

$$U_{CEQ} \approx V_{CC} - I_{CQ}(R_c + R_e)$$

分压式偏置放大电路中，采用了电流负反馈，反馈元件为 $R_e$。这种负反馈在直流条件下起稳定静态工作点的作用，但在交流条件下影响其动态参数，为此在该处并联一个较大容量的电容 $C_e$，使 $R_e$ 在交流通路中被短路，不起作用，从而免除了 $R_e$ 对动态参数的影响。

## 2.2.4　共集电极放大电路——射极输出器

### 1. 电路结构

图 2.2 – 12（a）为共集电极放大电路，也是一种基本放大电路，它的交流通路如图 2.2 – 12（b）所示。从交流通路可见，基极是信号的输入端，发射极是输出端，集电极则是输入、输出回路的公共端，所以是共集电极电路。因为从发射极输出信号，故又称为射极输出器。

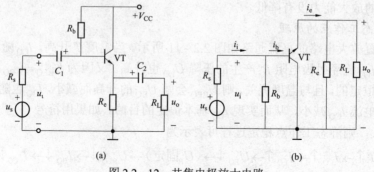

|     |     |
| :-: | :-: |
| (a) | (b) |

图 2.2 – 12　共集电极放大电路

（a）原理电路；（b）交流通路

2. 工作原理

电源 $V_{CC}$ 给晶体管 VT 的集电结提供反偏电压，又通过基极偏置电阻 $R_b$ 给发射结提供正偏电压，使晶体管 VT 工作在放大区。输入信号电压 $u_i$ 通过输入耦合电容 $C_1$ 加到晶体管 VT 的基极，输出信号电压 $u_o$ 从发射极通过输出耦合电容 $C_2$ 送到负载 $R_L$ 上。

3. 共集电极电路的特性

共集电极电路具有输入电阻高，输出电阻低的特性。电路的电压放大倍数

$$A_u \approx 1$$

即 $u_o \approx u_i$，$u_o$ 与 $u_i$ 幅度相近、相位相同，表明 $u_o$ 跟随 $u_i$ 的变化而变化，因此本电路又称为射极跟随器。

虽然共集电极电路电压放大倍数小，但它具有一定的电流放大能力和功率放大能力，同时还有良好的高频特性，这些特点使它在电子电路中获得了广泛应用。

4. 共集电极电路应用

（1）用作高输入电阻的输入级。共集电路输入电阻高，用作输入级时，可使放大电路的输入信号电压基本上等于信号源电压。

（2）用作低输出电阻的输出级。共集电路输出电阻低，用作输出级时，可减小负载变动对电压放大倍数的影响，稳定输出电压，提高放大电路的带负载能力。

（3）用作多级放大电路的中间级。共集电路用作中间级时，可以隔离前后级的影响，故又称为缓冲级，起阻抗变换作用。

## 2.2.5 多级放大电路

1. 多级放大电路的组成

大多数电子电路的放大系统，需要把微弱的毫伏或微伏级信号放大为足够大的输出电压和电流信号去推动负载工作。从单级放大电路的放大倍数来看，仅几十倍到一百多倍，输出的电压和功率不大，因此需要采用多级放大器，以满足放大倍数和其他性能方面的要求。

一般多级放大器的组成框图如图 2.2-13 所示。

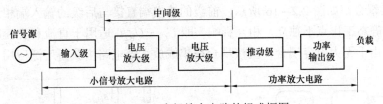

图 2.2-13 多级放大电路的组成框图

根据信号源和负载性质的不同，对各级电路有不同要求。多级放大电路的第一级称为输入级（或前置级），一般要求有尽可能高的输入电阻和低的静态工作电流，以减小输入级的噪声；中间级主要提高电压放大倍数，但级数过多易产生自激振荡；推动级（或称激励级）输出一定信号幅度推动功率放大电路工作；功率级则以一定功率驱动负载工作。

2. 级间耦合形式及其特点

多级放大电路级与级之间耦合的含义，是指前一级放大电路的输出信号加到后一级放大

电路的输入端所采用的连接方式。目前以线性放大电路中，用得较多的耦合方式有三种形式。

（1）阻容耦合。如图 2.2 - 14 所示，前、后级通过耦合电容 $C_2$ 和后级输入电阻 $R_{i2}$ 联系起来称为阻容耦合。其特点是前、后级的静态工作点各自独立，但不能用于直流或缓慢变化信号的放大。

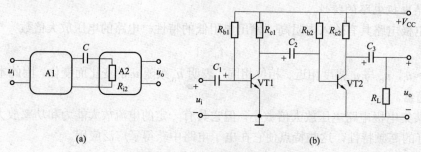

图 2.2 - 14  阻容耦合电路图

（a）连接框图；（b）电路图

（2）变压器耦合。如图 2.2 - 15 所示，级与级之间采用变压器传递交流信号，各级静态工作点也各自独立。

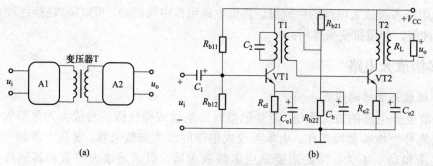

图 2.2 - 15  变压器耦合电路图

（a）连接框图；（b）电路图

（3）直接耦合。如图 2.2 - 16 所示，前级的输出端直接与后级的输入端相连因此频率特性好。但各级静态工作点不独立，相互影响，即 $U_{C1} = U_{B2}$。适用于直流和交流以及变化缓慢信号的放大。由于无大电容耦合，直接耦合在集成放大器电路中获得广泛应用。

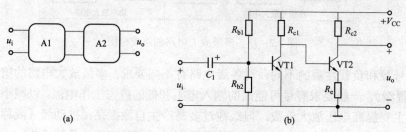

图 2.2 - 16  直接耦合电路图

（a）连接框图；（b）电路图

（4）光耦合。如图 2.2 – 17 所示，前级的输出端与后级的输入端通过光耦合器进行连接，以光作为媒介传递信号，实现了前后级电路的电气隔离，可有效地抑制电干扰，同时，各级电路的静态工作点互不影响。

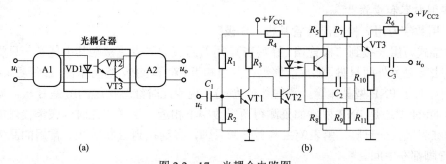

图 2.2 – 17  光耦合电路图

（a）连接框图；（b）电路图

3. 多级放大电路的放大倍数、输入电阻、输出电阻

（1）电压放大倍数。多级放大电路对放大信号而言，属于串联关系，前级的输出信号即是后级的输入信号，因此总的电压放大倍数为各级电压放大倍数的乘积。

$$\dot{A}_u = \dot{A}_{u1} \cdot \dot{A}_{u2} \cdots \cdot \dot{A}_{un} \qquad (2.2-12)$$

为计算方便，通常对电压放大倍数取 20 的对数，称为电压增益，单位为分贝（dB）。

$$20\lg\left|\dot{A}_u\right| = 20\lg\left|\dot{A}_{u1}\right| + 20\lg\left|\dot{A}_{u2}\right| + \cdots + 20\lg\left|\dot{A}_{un}\right|$$
$$= \sum_{k=1}^{n} 20\lg\left|\dot{A}_{uk}\right| \qquad (2.2-13)$$

（2）输入电阻和输出电阻。多级放大电路的输入电阻就是输入级的输入电阻，输出电阻就是输出级的输出电阻。

### 📖 思考与练习

1. 想一想晶体管放大电路有哪三种组态，各有哪些特点。
2. 想一想基本放大电路有哪几种失真？产生的原因是什么？如何解决？
3. 写出基本共射放大电路交流性能指标的估算公式。

## 任务 2.3  晶体管检测与应用电路的安装调试

### 2.3.1  用万用表检测晶体管

1. 实训目的

（1）查阅万用表的使用说明资料，了解万用表的基本操作要领。

（2）通过实际的操作练习，掌握万用表检测晶体管的使用方法。

2. 实训设备及器件

（1）数字式万用表。

（2）晶体管。

3．实训相关知识

阅读本实训所用万用表的使用说明资料，了解其面板标识、操作要领及注意事项。

4．实训内容和步骤

（1）用数字万用表检测晶体管基极（B 极）。

将数字式万用表拨到二极管挡（蜂鸣挡），用万用表的红表笔接触其中任意一只脚不动。用黑表笔去接触另外两只脚。如果能够测得两组相近（对于 NPN 型晶体管，测得数值在 0.5～0.9V 之间；对于 PNP 型晶体管，测得数值为∞），说明此时红笔接触的就是 B 极，同时知道晶体管是 NPN 型还是 PNP 型。如果测得两组数字不相近，那说明此时红表笔接触的不是 B 极，应把红表笔换一只脚，黑表笔去测另外两只脚，直到找到 B 极为止。常用的晶体管基极（B 极）管脚都在中间。

（2）运用 $h_{FE}$ 测放大倍数的方法判别晶体管发射极（E 极）和集电极（C 极）。

将数字式万用表拨在 $h_{FE}$ 挡位，将已经确定晶体管的基极插入对应的 NPN 或者 PNP 型测试插座，如果插入正确，表示放大倍数为大，图 2.3－1 为 NPN 型晶体管的检测，图 2.3－1（a）为正确插法。

因此，这个 NPN 型晶体管的管脚如图 2.3－2 所示。对于 PNP 型晶体管也是用同样的方法检测。

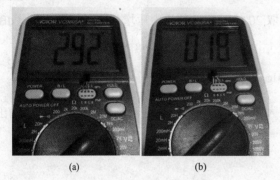

(a)      (b)

图 2.3－1　NPN 型晶体管检测

图 2.3－2　S8050 晶体管的管脚识别

实训评价标准见表 2.3－1。

表 2.3－1　　　　　　　　　　　实 训 评 价 标 准

| 考核项目 | 配分 | 工艺标准 | 评 分 标 准 | 扣分记录 | 得分 |
|---|---|---|---|---|---|
| 观察识别能力 | 10 分 | 能正确识读晶体管标志符号，判别晶体管极性 | （1）识读晶体管标志符号错误，每处扣 2 分<br>（2）晶体管极性判别错误，每处扣 2 分 | | |
| 电路组装能力 | 60 分 | 能区分不同类别的晶体管，并利用万用表测量晶体管正反向电阻，检测引脚极性和质量 | （1）检测结果错误，每处扣 5 分；误差过大，每处扣 1 分<br>（2）晶体管极性判别错误，每处扣 5 分<br>（3）不能区分不同类别的晶体管，每处扣 5 分<br>（4）万用表使用不当，每处扣 2 分<br>（5）不能正确记录检测数据，每处扣 2 分 | | |
| 仪表使用能力 | 20 分 | 能根据不同型号的晶体管，正确查阅主要参数 | （1）主要参数查阅错误，每处扣 2 分<br>（2）不会使用《晶体管手册》查阅主要参数，每处扣 10 分<br>（3）不能正确查阅检测数据，每处扣 2 分 | | |

续表

| 考核项目 | 配分 | 工艺标准 | 评　分　标　准 | 扣分记录 | 得分 |
|---|---|---|---|---|---|
| 安全文明生产 | 10 分 | 安全文明生产 | （1）违反安全操作规程，扣 10 分<br>（2）违反文明生产要求，扣 10 分 | | |
| 考评人 | | | 得分 | | |

5. 问题讨论

运用数字式万用表检测晶体管极性还有其他的方法，通过资料查找，尝试运用多种方法检测，通过比较这几种方法，选出一种方法掌握并熟练运用。

### 2.3.2　晶体管共射放大电路的组装与调试

1. 实训目的

（1）掌握分立元件组成的单管共射放大电路的基本方法。

（2）掌握放大器静态工作点的调试和测量方法，以及 $A_u$，$R_i$，$R_o$ 的测量方法。

（3）学会用示波器观测放大器输入、输出波形及电压幅度的测量方法。

2. 实训设备及器件

（1）实训设备：函数信号发生器 1 台，直流稳压电源 1 台，双踪示波器 1 台，万用表 1只，面包板 1 块。

（2）实训器件：晶体管 9014、电阻、电容。

（3）测量仪表连线如图 2.3-3 所示。

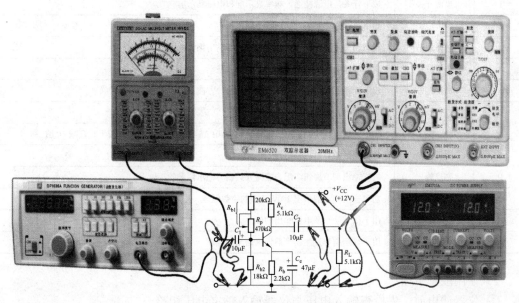

图 2.3-3　测量仪表连线示意图

3. 测试仪表介绍

（1）函数信号发生器。函数信号发生器是一种多波形信号发生器。下面以 DF1636A 型函数信号发生器为例进行介绍，它具有产生连续信号、扫描信号、函数信号、脉冲信号和外部测量频率的功能。DF1636A 型函数信号发生器的面板如图 2.3 - 4 所示。

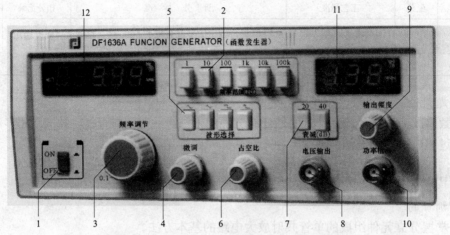

图 2.3 - 4　DF1636A 型函数信号发生器的面板

1—电源开关；2—频率范围选择开关；3—频率调解调旋钮；4—频率微调旋钮；5—波形选择；6—占空比调节旋钮；

7—输出信号衰减开关；8—电压输出；9—幅度输出调节旋钮；10—功率输出；11—电压显示器；12—频率显示器

1）面板上各旋钮作用。各旋钮作用见表 2.3 - 2。

表 2.3 - 2　　　　　　　　　　　仪器面板及面板上各旋钮作用

| 序号 | 面板标志 | 作　用 |
|---|---|---|
| 1 | 电源开关 | 按下开关，电源接通，频率显示屏和电压显示屏亮 |
| 2 | 频率范围 | 频率范围选择开关，分为 6 个频率挡 |
| 3 | 频率调节 | 频率调节范围，在每个频率挡中调节输出频率范围 |
| 4 | 微调旋钮 | 微调旋钮对输出频率数值进行精确调整 |
| 5 | 波形选择 | 波形选择开关，进行正弦波、三角波、方波和可调矩形波间的转换 |
| 6 | 占空比 | 调整矩形波高低电平的时间比 |
| 7 | 衰减（dB） | 按下开关可以使输出信号电压衰减 20dB 或 40dB，两按钮同时按下时衰减 60dB |
| 8 | 电压输出 | 各种函数波形电压输出端 |
| 9 | 幅度输出 | 幅度输出调节旋钮，配合衰减开关调节输出信号的幅度 |
| 10 | 功率输出 | 功率输出端，能输出 10W 功率的函数信号 |
| 11 | 电压显示器 | 用于指示功率及电压输出的幅度 |
| 12 | 频率显示器 | 用于显示信号发生器当前输出信号的频率 |

2）使用注意事项：

① 仪器通电前，先检查输入电压与仪器输入额定电压相符。

② 根据所需波形，按下对应波形的按键，以得到所需波形。其中，单次脉冲的选择仅对尖脉冲有效。

③ 各种输出波形幅度可由面板上幅度调节旋钮连续调节。

④ 在使用过程中，要避免连接线短路或信号线与地短路连接。

（2）直流稳压电源。直流稳压电源是提供可调的直流电压的电源设备，在电网电压或负载发生变化时，能保持其输出电压基本不变。直流稳压电源型号很多，现以 EM1715A 型直流稳压电源为例进行介绍。

EM1715A 型直流稳压电源面板图如图 2.3 - 5 所示。

图 2.3 - 5　EM1715A 型直流稳压电源面板图

1—电压调节；2—电流调节；3—电压源、电流源指示灯，CV 恒压输出，CC 恒流输出；4—电压、电流输出转换按钮；

5—电源开关；6—Ⅰ路输出端；7—Ⅱ路输出端；8—接地端；9—独立/跟踪选择按钮；

10—Ⅲ路输出端；11—电压表；12—电流表

1）仪器面板及面板上各旋钮作用。面板上各旋钮作用见表 2.3 - 3。

表 2.3 - 3　　　　　　　　　面 板 上 各 旋 钮 作 用

| 序号 | 面板标志 | 作　　用 |
|---|---|---|
| 1 | VOLTS | 电压调节：调整恒压输出值 |
| 2 | CURRENT | 电流调节：调整恒流输出值 |
| 3 | CV、CC | 电压源、电流源指示灯，CV 恒压输出，CC 恒流输出 |
| 4 | MEASURE | 电压、电流输出转换按钮 |
| 5 | POWER | 电源开关 |
| 6 | Ⅰ | Ⅰ路输出端 |
| 7 | Ⅱ | Ⅱ路输出端 |
| 8 | ⊥ | 接地端：机壳接地接线柱 |
| 9 | MODE | 独立/跟踪选择按钮：FREE 独立，TRACX 跟踪 |
| 10 | Ⅲ | Ⅲ路输出端：固定 5V 输出 |
| 11 | V | 电压表：指示输出电压 |
| 12 | A | 电流表：指示输出电流 |

2）使用注意事项：① 使用过程中不得将负载短路，不能使输出电流超过额定值。若出现过载或短路，稳压电源的输出短路保护装置会自动切断输出。待排除故障后，按下启动按

钮，电源即可恢复输出。② 直流稳压电源与其他仪器相连时，要注意"共地"问题。

（3）双踪示波器。示波器是电子技术中最常用的基本仪器之一。它利用电子射线的偏转来实现电信号的图像显示，不仅能定性地观察电信号随时间变化的规律，而且还可以定量测出电信号的各种电参数，如幅值、频率、相位等。

示波器种类很多，下面以 EM6520 双踪示波器为例介绍示波器的功能特性。示波器面板示意如图 2.3 - 6 所示，面板上各旋钮作用见表 2.3 - 4。

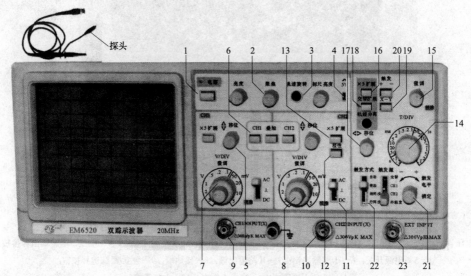

图 2.3 - 6　EM6520 双踪示波器面板示意

1—电源开关；2—聚焦旋钮；3—轨迹旋钮；4—校准信号；5—垂直位移；6—垂直方式选择按钮；7—衰减开关；
8—垂直微调旋钮；9—通道 1 输入端；10—通道 2 输入端；11—耦合方式；12—CH2 极性开关；13—CH2×5 扩展；
14—扫描时间因数选择开关；15—扫描微调旋钮；16—扩展控制键；17—水平移位；18—交替扩展按键；
19—X - Y 控制键；20—触发极性按钮；21—触发电平旋钮；22—触发方式选择开关；23—外触发输入插座

表 2.3 - 4　　　　　　　　　面 板 上 各 旋 钮 作 用

| 序号 | 面板标志 | 作　　用 |
|---|---|---|
| 1 | 电源开关 | 电源的接通和关闭 |
| 2 | 聚焦旋钮 | 轨迹清晰度的调节 |
| 3 | 轨迹旋钮 | 调节轨迹与水平刻度线的水平位置 |
| 4 | 校准信号 | 提供幅度为 0.5V，频率为 1kHz 的方波信号，用于调整探头的补偿和检测垂直和水平电路的基本功能 |
| 5 | 垂直位移 | 调整轨迹在屏幕中的位置 |
| 6 | 垂直方式选择 | 选择垂直方向的工作方式。通道 CH1、通道 CH2 或双踪选择：同时按下 CH1 和 CH2 按钮，屏幕上会出现双踪并自动以断续或交替方式同时显示 CH1 和 CH2 的信号；叠加（ADD）：显示 CH1 和 CH2 输入的代数和 |
| 7 | 衰减开关 | 垂直偏转灵敏度的调节 |
| 8 | 垂直微调旋钮 | 用于连续调节垂直偏转灵敏度 |
| 9 | 通道 1 输入端 | 该输入端用于垂直方向的输入，在 X - Y 方式时，输入端的信号成为 X 轴信号 |
| 10 | 通道 2 输入端 | 该输入端与通道 1 一样用于垂直方向的输入，在 X - Y 方式时，输入端的信号成为 Y 轴信号 |

续表

| 序号 | 面板标志 | 作　　用 |
|---|---|---|
| 11 | 耦合方式 | 选择垂直放大器的耦合方式 |
| 12 | CH2 极性开关 | 按下此键 CH2 显示反向电压值 |
| 13 | CH2×5 扩展 | 按下此键,垂直方向的信号扩大 5 倍,灵敏度为 1mV/DIV |
| 14 | 扫描时间因素选择开关 | 共 20 挡,在 0.1～0.2μs/DIV 范围选择扫描速率 |
| 15 | 扫描微调旋钮 | 用于连续调节扫描速度 |
| 16 | ×5 扩展控制端 | 按下此键,扫描速度扩大 5 倍 |
| 17 | 水平移位 | 调节轨迹在屏幕中的水平位置 |
| 18 | 交替扩展按键 | 按下此键,扫描因数×1、×5 交替显示 |
| 19 | X－Y 控制键 | 在 X－Y 工作方式时,垂直偏转信号接入 CH2 输入端,水平偏转信号接入 CH1 输入端 |
| 20 | 触发极性按钮 | 用于选择信号的上升或下降沿触发扫描 |
| 21 | 触发电平旋钮 | 用于调节被测信号在某一电平触发同步 |
| 22 | 触发方式选择开关 | 用于选择触发方式 |
| 23 | 外触发输入插座 | 用于外部触发信号的输入 |

（4）电压毫伏表。NY4520 型毫伏表是一种高性能指针式双通道交流毫伏表,如图 2.3－7
所示,它可以同时测量试验线路中的两个不同点或两个负载的电压,如放大器的输入和输出
电压值。在实际试验过程中,也可用数字万用表来代替 NY4520 型毫伏表。

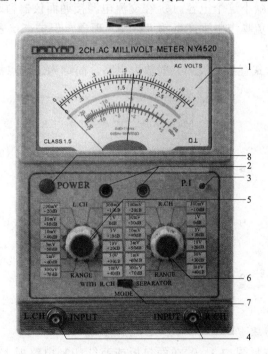

图 2.3－7　NY4520 型毫伏表面板示意图

1—表头；2—指针机械调零；3—电源指示灯；4—左、右通道输入插座；5—RANGE L.CH 左通道量程开关；

6—RANGE R.CH 右通道量程开关；7—功能选择开关；8—电源开关

1）面板结构及说明。面板结构及说明见表 2.3 – 5。

表 2.3 – 5　　　　　　　　　　　　面 板 结 构 及 说 明

| 序号 | 面板标志 | 作　用 |
|---|---|---|
| 1 | 表头 | 为一双指针表头，黑指针对应于 L.CH 输入，红指针对应于 R.CH 输入 |
| 2 | 指针机械零位调整装置 | 在电源开关关断的条件下，用螺钉旋具调整使指针指零 |
| 3 | 电源指示灯 | 交流供电电源接通时指示灯亮 |
| 4 | 左、右通道输入插座 | 被测电压输入插座 |
| 5 | RANGEL.CH | 左通道量程开关 |
| 6 | RANEGR.CH | 右通道量程开关 |
| 7 | MODE | 功能选择开关<br>（1）开关置于"WITH R.CH"位置，电压量程是由 RANEGR.CH 选择，此时使用相同的电压量程控制两个通道的输入测量<br>（2）开关置于"SEPARATOR"位置时，两通道量程独立。用 RANGE L.CH 选择左通道输入量程，用 RANGE R.CH 选择右通道输入量程 |
| 8 | POWER | 电源开关，供接通交流供电电源 |

2）使用注意事项：① 该仪器的最大输入电压值为 600V，不要输入高于该值的电压，否则电路部件可能损坏。② 当使用输入测试线时，约 50pF 的电容将跨接到试验电路影响测试，使用较短的测试线可以减小这个电容。③ 在交流电源接通而仪器暂时不使用时，应置量程开关在高量程挡，这将避免噪声电平产生的"打表"现象，保护毫伏表头。

4. 电路图与接线图

图 2.3 – 8 是一分压式直流负反馈共射放大电路，简称为工作点稳定电路。

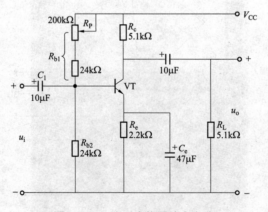

图 2.3 – 8　分压式偏置放大电路

5. 实训内容及其步骤

（1）组装电路。按照图 2.3 – 9 在面包板或万能印制电路板上安装连接分压式共射放大电路。装调流程为：绘制安装布线图→清点元器件→元器件质量及参数的检测→焊接→通电前检查→通电测量、调试→记录数据。

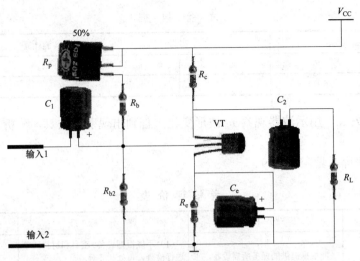

图 2.3-9 分压式偏置放大电路接线图

（2）静态调试。检查电路连接无误后接通电源，调节电位器 $R_p$ 使 $U_E=2.2V$，测量 $U_B$、$U_{BE}$ 和 $R_{b1}$ 的值，计算 $I_E$ 和 $U_{CE}$ 的值并填入表 2.3-6，并判断晶体管的工作状态。注意 $R_{B1}$ 的测量应在断电后并断开 $R_p$ 一端进行。

表 2.3-6         试 验 数 据

| 实测 | | | 实测计算 | |
|---|---|---|---|---|
| $U_B$/V | $U_{BE}$/V | $R_{B1}$/kΩ | $U_{CE}$/V | $I_E$/mA |
| | | | | |

（3）动态调试。

1）调节信号发生器，使之输出一个频率为 1kHz、有效值为 5mV 的正弦波信号 $u_i$，接到放大器的输入端，负载 $R_L$ 开路，观察 $u_i$ 和 $u_o$ 端波形，并比较相位。

2）保持 $u_i$ 频率不变，逐渐增大幅度，观察 $u_o$，测量最大不失真时的输出电压有效值 $U_o$ 和这时的输入电压有效值 $U_i$，填入表 2.3-7。

表 2.3-7         试 验 数 据

| 实测 | | 实测计算 | 估算 |
|---|---|---|---|
| $U_i$/mV | $U_o$/V | $A_u$ | $A_u$ |
| | | | |
| | | | |
| | | | |

3）保持 $u_i=5mV$ 不变，放大器接入负载 $R_L$，测量输出电压有效值 $U_o$，并将结果填入表 2.3-8。

表 2.3－8　　　　　　　　　　　　试　验　数　据

| 给定参数 | | 实测 | | 实测计算 | 估算 |
|---|---|---|---|---|---|
| $R_c$ | $R_L$ | $u_i$/mV | $u_o$/V | $A_u$ | $A_u$ |
| 5.1kΩ | 5.1kΩ | | | | |

4）逐渐增大 $u_i$，用示波器观察 $u_o$ 波形变化，直到出现明显失真，分析是饱和失真还是截止失真。

（4）考核评价，见表 2.3－9。

表 2.3－9　　　　　　　　　　　　考　核　评　价　表

| 考核项目 | 配分 | 工　艺　标　准 | 评　分　标　准 | 扣分记录 | 得分 |
|---|---|---|---|---|---|
| 观察识别能力 | 10分 | 能根据提供的任务所需设备、工具和材料清单进行检查、检测 | （1）不能根据设备、工具和材料清单进行检查，每处扣2分<br>（2）不能对材料进行检测与判断，每处扣2分 | | |
| 电路组装能力 | 40分 | （1）元器件布局合理、紧凑<br>（2）导线横平、竖直，转角成直角，无交叉<br>（3）元器件间连接关系和电路原理图一致<br>（4）元器件安装平整、对称，电阻器、晶体管，电容器、电位器垂直安装<br>（5）绝缘恢复良好，紧固件牢固可靠<br>（6）未损伤导线绝缘层和元器件表面涂敷层<br>（7）焊点光亮、清洁，焊料适量，无漏焊、虚焊、假焊、搭焊、溅锡等现象<br>（8）焊接后元器件引脚剪脚留头长度小于1mm | （1）布局不合理，每处扣5分<br>（2）导线不平直、转角不成直角每处扣2分，出现交叉每处扣5分<br>（3）元器件错装、漏装，每处扣5分<br>（4）元器件安装歪斜、不对称、高度超差，每处扣1分<br>（5）绝缘恢复不符合要求，扣10分<br>（6）损伤绝缘层和元器件表面涂敷层，每处扣5分<br>（7）紧固件松动，每处扣2分<br>（8）焊点不光亮、不清洁，焊料不适量，漏焊、虚焊、假焊、搭焊、溅锡每处扣1分<br>（9）剪脚留头大于1mm，每处扣0.5分 | | |
| 仪表使用能力 | 40分 | （1）能对任务所需的仪器仪表进行使用前检查与校正<br>（2）能根据任务采用正确的测试方法与工艺，正确使用仪器仪表<br>（3）测试结果正确合理，数据整理规范正确<br>（4）确保仪器仪表完好无损 | （1）不能对任务所需的仪器仪表进行使用前检查与校正，每处扣5分<br>（2）不能根据不同的任务采用正确的测试方法与工艺，每处扣5分<br>（3）不能根据任务正确使用该仪器仪表，每处扣5分<br>（4）测试结果不正确、不合理，每处扣5分<br>（5）数据整理不规范、不正确，每处扣5分<br>（6）使用不当损坏仪器仪表，每处扣10分 | | |
| 安全文明生产 | 10分 | 安全文明生产 | （1）违反安全操作规程，扣10分<br>（2）违反文明生产要求，扣10分 | | |
| 考评人 | | | 得分 | | |

6. 实训报告

（1）整理测量数据，列出表格。

（2）将实验值与理论值加以比较，分析误差原因。

（3）分析静态工作点对 $A_u$ 的影响，讨论提高 $A_u$ 的办法。

7. 巩固思考

（1）试述分压式单管共射放大电路的工作原理及各元器件的作用。

（2）复习分压式单管共射放大电路静态工作点 Q（即 $I_{CQ}$、$I_{BQ}$、$U_{CEQ}$）的计算方法。

（3）复习分压式单管共射放大电路的电压放大倍数 $A_u$ 及 $R_i$、$R_o$ 的计算方法。

8. 实物参考图（图2.3-10和图2.3-11）

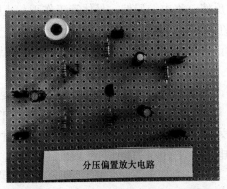

图2.3-10　分压式偏置放大电路实物图

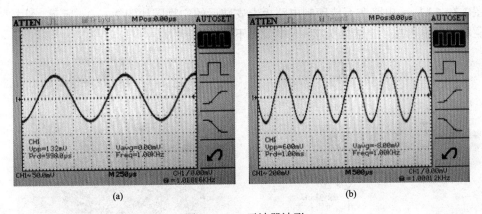

(a)　　　　　　　　　　　(b)

图2.3-11　示波器波形

（a）输入信号波形；（b）输出放大信号波形

## 2.3.3　共集电极放大电路组装与调试

共集电极电路如图2.3-12所示。

（1）在万能电路板上，安装电路。

（2）安装完装后，检查无误，用数字万用表检测晶体管三极对地电压，计算流过发射极电阻电流。

（3）输入1000Hz、500mV正弦波信号，用出波器测输入、输出电压波形，计算电路放大倍数。

（4）评价与考核参照表2.3-9进行。

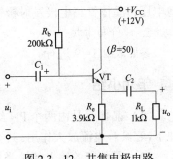

图2.3-12　共集电极电路

### 2.3.4 发光二极管驱动电路的安装调试

**1. 基础知识**

晶体管除用于组成放大电路外，还可用来当作开关使用。当晶体管发射结正偏、集电结正偏晶体管工作于饱和区，晶体管饱和导通，$I_C$ 不受 $I_B$ 的控制，晶体管没有电流放大作用，这一电流称为集电极饱和电流，用 $I_{CS}$ 表示；$U_{CE}$ 值称为饱和压降 $U_{CES}$，硅管 $U_{CES} \approx 0.3V$，相当于一个开关处于闭合状态。当发射结反偏、集电结反偏，晶体管工作于截止区，晶体管 $I_C \approx 0$，晶体管截止，相当于开关断开。这样在基极改变输入电压的极性和大小，可改变晶体管的工作状态，组成开关电路。图 7.1–3（b）所示可燃气体报警器中的声音报警电路就是用晶体管 VT2 来控制的。

**2. 电路原理**

晶体管组成的开关电路，可用来驱动发光二极管，图 2.3–13 是截取图 7.1–3 可燃气体报警器绿色 LED 驱动电路而得。图中，VT1 为 LED 的驱动管，起开关作用。$R_{11}$ 为 LED 限流电阻兼VT 的集电极负载电阻，$R_{10}$ 为驱动管 VT1 的基极限流电阻，二极管 VD13 是为降低 VT1 的基极电压而设置的，当输入的高电平电位不高时，可不用。当 $U_i$ 为高电平时，VD13 导通，VT1 可靠饱和导通，发光二极管点亮。当 $U_i$ 为低电平时，VD1 截止，VT1 截止，发光二极管熄灭。

**3. 电路安装**

图 2.3–13 所示电路在万能印制电路板上安装后的实物图如图 2.3–14 所示。图中左方插针为驱动信号输入端，上端插头接 +5 电源，下端接地。

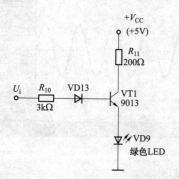
图 2.3–13 用晶体管组成 LED 驱动电路

图 2.3–14 晶体管组成 LED 驱动电路实物图

**4. 电路调试**

接上电源，在左侧插针上加一个对地 3～4V 电源，发光二极管点亮。测试晶体管基极对地电压、晶体管集电极发射极饱和电压，发光二极管两端电压，做好记录。

**5. 评价与考核**

参照表 2.3–9 进行。

### 📖 单元小结

（1）晶体管是由两个 PN 结构成的，有三个电极，在满足发射结正偏和集电结反偏的条件下，它具有电流放大作用。其实质是用基极电流 $i_B$ 控制集电极电流 $i_C$，即 $i_C = \beta i_B$，$i_E = i_c + i_B$。

（2）晶体管的输入特性类似于二极管，输出特性曲线分为截止区、放大区、饱和区和击穿区。晶体管有放大、饱和、截止三种工作状态。晶体管的特性受温度的影响较大。

（3）放大电路的组成应遵循四条基本原则，即要有合适的静态工作点，又要使变化的信号能输入、能放大、能输出且基本不失真。

（4）将放大电路中的电容视为开路、电感视为短路，可得到放大电路的直流通路，利用直流通路可进行电路的静态分析，估算电路的静态工作点 $I_{BQ}$、$I_{CQ}$、$V_{CEQ}$；将电容和直流电源视为短路，可得到放大电路的交流通路，利用交流通路可进行电路的动态分析，估算电路的电压放大倍数 $A_u$、输入电阻 $R_i$ 和输出电阻 $R_o$。

（5）静态工作点发生变化时，放大电路的工作状态也会发生变化，甚至会出现波形失真。静态工作点偏高，会出现饱和失真；静态工作点过低，会出现截止失真。

（6）分压式工作点稳定电路可以克服温度和其他因素对工作点的影响，提高电路的稳定性。

（7）多级放大电路常用的级间耦合方式有阻容耦合、直接耦合、变压器耦合和光耦合。多级放大电路提高了电路的电压放大倍数。

## 📖 练习题

### 一、填空题

1. 晶体管用来放大时，应使发射结处于＿＿＿＿＿偏置，集电结处于＿＿＿＿＿偏置。

2. 型号为 3CG4D 的晶体管是＿＿＿＿＿型＿＿＿＿＿频小功率管。

3. 温度升高时，晶体管的电流放大系数 $\beta$＿＿＿＿＿，反向饱和电流 $I_{CBO}$＿＿＿＿＿，正向结电压 $U_{BE}$ 下降。

4. 有两只晶体管：A 管 $\beta = 200$，$I_{CEO} = 200\mu A$；B 管 $\beta = 80$，$I_{CEO} = 10\mu A$，其他参数大致相同，一般应选＿＿＿＿＿管。

5. 共射基本电路电压放大倍数为负值，说明输出信号与输入信号相位相差＿＿＿＿＿。

6. 放大电路未输入信号时的状态称为＿＿＿＿＿，其在特性曲线上的点称为＿＿＿＿＿。

7. 放大电路在有输入信号时的状态称为＿＿＿＿＿。

8. 晶体管具有电流放大作用的实质是利用改变＿＿＿＿＿电流对＿＿＿＿＿电流的控制。

### 二、判断题

1. 只有电路既放大电流又放大电压，才称其有放大作用。（　　　）

2. 可以说任何放大电路都有功率放大作用。（　　　）

3. 放大电路中输出的电流和电压都是电源提供的。（　　　）

4. 电路中各电量的交流成分是交流信号源提供的。（　　　）

5. 放大电路必须加上合适的直流电源才能正常工作。（　　　）

6. 由于放大的对象是变化量，所以当输入直流信号时，任何放大电路的输出都毫无变化。（　　　）

7. 只要是共射放大电路，输出电压的底部失真都是饱和失真。（　　　）

8. 晶体管工作于截止状态时，发射结正偏。（　　　）

9. 晶体管处于放大状态时应使发射结正偏。（　　　）

10. 阻容耦合多级放大电路只能放大交流信号。（　　　）

### 三、选择题

1. 某晶体管的极限参数为 $U_{(BR)CEO} = 30V$，$I_{CM} = 20mA$，$P_{CM} = 100mW$。当晶体管工作电

压 $U_{CE}=10V$ 时，$I_C$ 不得超过（　　）mA。

　　A. 20　　　　　　B. 100　　　　　　C. 10　　　　　　D. 30

2. 放大电路设置静态工作点的目的是（　　）。

　　A. 提高输入电阻　B. 提高放大能力　C. 降低输出电阻　　　D. 实现不失真放大

3. 为了获得反相电压放大，应选择一级（　　）放大电路。

　　A. 共集电极　　　　B. 共集电极　　　　C. 共发射极

4. 当输入电压为正弦信号时，如果 PNP 管共发射极放大电路发生饱和失真，则输出电压波形将（　　）。

　　A. 正半周削波　　B. 负半周削波　　C. 正、负半周均削波　　D. 不削波

5. 为了使高阻输出的放大电路与低阻负载很好地配合，可以在放大电路与负载之间插入（　　）。

　　A. 共射电路　　　B. 共集电路　　　C. 共基电路　　　　D. 以上三种电路均可

6. 某 NPN 硅管在放大电路中测得各极对地电压分别为 $U_C=12V$，$U_B=4V$，$U_E=0V$，由此可判别晶体管（　　）。

　　A. 处于放大状态　B. 处于饱和状态　C. 处于截止状态　　D. 已损坏

7. 当晶体管工作在放大区时，发射结电压和集电结电压应为（　　）。

　　A. 前者反偏、后者也反偏　　　　　　B. 前者正偏、后者反偏

　　C. 前者正偏、后者也正偏

8. 已知某晶体管 $\beta=80$，如果 $I_B$ 从 10μA 变化到 20μA，则 $I_C$ 的变化量（　　）。

　　A. 可能为 0.9mA　B. 可能是 0.6mA　C. 可能为 1mA　　　D. 一定是 0.8mA

**四、分析题**

1. 分别改正图 2−1 所示各电路中的错误，使它们有可能放大正弦波信号。要求保留电路原来的共射接法和耦合方式。

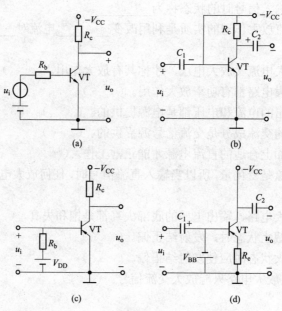

图 2−1

2. 求图 2－2 所示电路的工作点（$\beta=80$）。

3. 画出图 2－3 所示电路的直流通路，求静态工作点。

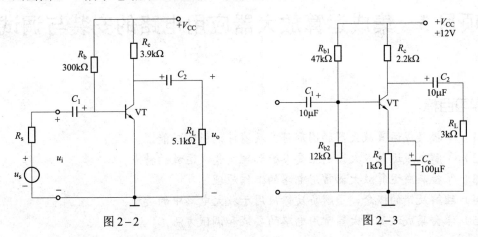

图 2－2　　　　　　　　　　　　　　　　图 2－3

4. 画出图 2－2 所示电路的交流通路，$\beta=100$，求电路电压放大倍数、输入电阻、输出电阻。

5. 画出图 2－3 所示电路的交流通路。

# 项目 3  集成运算放大器应用电路的安装与调试

📖 **学习目标**

（1）掌握集成运算放大器的图形符号及器件的引脚功能。

（2）了解集成运算放大器的主要参数和理想集成运放的特点。

（3）掌握集成运算放大器常用电路的工作原理。

（4）理解反馈的概念，了解负反馈应用于放大电路中的类型。

（5）学会集成运算放大器常用电路的安装和调试方法。

## 任务 3.1  认识集成运算放大器

集成运算放大器（以下简称集成运放）是模拟集成电路的一个重要分支，它实际上是用集成电路工艺制成的具有高增益的直接耦合放大器。图 3.1－1 为集成运放电路应用实物图。它具有通用性强、可靠性高、体积小、重量轻、功耗小、性能优越等特点，而且外部接线很少，调试极为方便，现在已经广泛应用于自动测试、自动控制、计算技术、信息处理以及通信工程等各个电子技术领域。

图 3.1－1  集成运放电路应用实物图（图中 IC1、IC2 为集成运算放大器）

### 3.1.1  集成运放的主要类型

集成运放的种类很多，除了通用型集成运放外，主要还有高精度、低功耗、高速、高输入阻抗、宽带和功率等专用集成运放。下面简要介绍它们的特点。

1. 通用型集成运放

技术指标适中，输入失调电压在 2mV 左右，开环增益一般不低于 80dB，适用于对技术指标没有特殊要求的场合。

2. 高精度集成运放

其主要特点是，失调电压小，可低到几个微伏，温度漂移很小，每摄氏度仅几十纳伏，增益和共模抑制比非常高。一般用于毫伏量级或更低的微弱信号的精密检测、自动控制仪表等领域中。

3. 高速集成运放

这种类型的运放的输出电压转换速率很大，可达到几百伏/微秒以上。一般用于快速模/数和数/模转换器、高速取样—保持电路、精密比较器等要求输出对输入迅速响应的电路中。

4. 低功耗集成运放

在电源电压±15V 时，最大功耗不大于 6mV。在低电源电压时，具有低的静态功耗，并保持良好的电气性能。一般用于对能源有严格限制的遥测、生物医学、空间技术研究或便携式电子设备中。

### 3.1.2　集成运放的电路符号及封装

1. 集成运放的电路符号

集成运放对外是一个整体，它的电路符号如图 3.1－2 所示。图中"▷"表示运算放大器，"∞"表示开环增益极高。

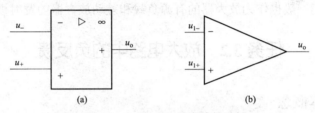

图 3.1－2　集成运放电路符号

（a）国标符号；（b）曾用符号

图中可以看出，它有两个输入端，"－"为反相输入端，"＋"为同相输入端，输出电压与反相输入端输入电压的相位相反；而与同相输入端输入电压的相位相同。

在实际应用中，集成运放除了输入和输出端外，还有两个电源端，有些集成运放还有调零和相位补偿端。

集成运算放大器满足下列关系式

$$u_o = A_{od}(u_+ - u_-) \tag{3.1－1}$$

式中，$A_{od}$ 为集成运算放大器开环差模电压放大倍数。

2. 集成运放的封装

集成运放的封装有塑料双列直插式、陶瓷扁平式、金属圆壳式等多种，如图 3.1－3 所示。

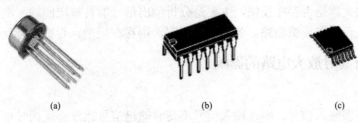

图 3.1－3　集成运放的封装

（a）金属圆壳式；（b）双列直插式；（c）陶瓷扁平式

### 3.1.3　集成运放的组成框图

实际上，集成运放就是一种高电压增益、高输入电阻和低输出电阻的直接耦合多级放大电路。通常由输入级、中间级、输出级及偏置电路组成，它具有两个输入端，一个输出端。多数为两路电源供电，如图 3.1 – 4 所示。

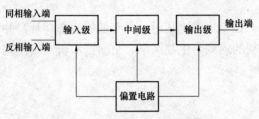

图 3.1 – 4　集成运放的组成框图

输入级通常是由双输入差分放大电路构成，其主要作用是提高抑制共模信号能力，提高输入电阻。

中间级是带恒流源负载和复合管的差放和共射电路组成的高增益的电压放大级，其主要作用是提高电压增益。

输出级是采用互补对称功放或射极输出器组成，其主要是降低输出电阻，提高带负载能力。

偏置电路一般由恒流源组成，用来为各级放大电路提供合适的偏置电流，使之具有合适的静态工作点。它们一般也作为放大器的有源负载和差动放大器的发射极电阻。

# 任务 3.2　放大电路中的负反馈

### 3.2.1　反馈的基本概念

含有反馈电路的放大器称为反馈放大器。根据反馈放大器各部分电路的主要功能，可将其分为基本放大电路和反馈网络两部分，如图 3.2 – 1 所示。整个反馈放大电路的输入信号称为输入量，其输出信号称为输出量；反馈网络的输入信号就是放大电路的输出量，其输出信号称为反馈量；基本放大器的输入信号称为净输入量，它是输入量和反馈量叠加的结果。

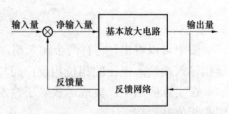

图 3.2 – 1　反馈放大器的原理框图

由图 3.2 – 1 可见，基本放大电路放大输入信号产生输出信号，而输出信号又经反馈网络反向传输到输入端，形成闭合环路，这种情况称为闭环，所以反馈放大器又称为闭环放大器。如果一个放大器不存在反馈，即只存在放大器放大输入信号的传输途径，则不会形成闭合环路，这种情况称为开环。没有反馈的放大器又称为开环放大器，基本放大电路就是一个开环放大器。因此一个放大器是否存在反馈，主要是分析输出信号能否被送回输入端，即输入回路和输出回路之间是否存在反馈通路。若有反馈通路，则存在反馈，否则没有反馈。

### 3.2.2　反馈类型及其对放大电路的影响

1. 反馈极性判断

如果反馈信号削弱输入信号，即在输入信号不变时输出信号比没有反馈时小，导致放大倍数减小，这种反馈称为负反馈。否则称为正反馈。

是正反馈还是负反馈，即反馈极性判断，通常采用瞬时极性法来判别。先假设放大电路输入信号对地的瞬间极性为正，表明该点的瞬时电位升高，在图中用（＋）表示，然后按照放大、反馈信号的传递途径，根据放大电路各有关器件在中频区的电压的相位关系（如：共射电路的 $u_c$ 与 $u_b$ 反相；共基电路的 $u_c$ 与 $u_e$ 同相；共集电路的 $u_e$ 与 $u_b$ 同相；集成运放的 $u_o$ 与 $u_-$ 反相，$u_o$ 与 $u+$ 同相；共源电路的 $u_d$ 与 $u_g$ 反相等），逐级标出有关点的瞬时电位是升高还是降低。升高用（＋）表示，降低用（－）表示，最后推出反馈信号的瞬时极性，从而判断反馈信号是增强还是减弱输入信号。

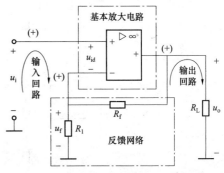

图 3.2－2 负反馈放大电路的反馈极性判断

如图 3.2－2 所示电路，设输入端瞬时极性为（＋），因是同相端输入，输出端瞬时极性为（＋），通过反馈网络反馈到反馈输入端瞬时极性为（＋）。使输入的净输入量减小，电路引入负反馈。

2. 反馈类型、定义、判别方法和对放大电路的影响

各种反馈类型、定义、判别方法和对放大电路的影响见表 3.2－1。

表 3.2－1　　　　　　各种反馈类型、定义、判别方法和对放大电路的影响

| 反馈类型 | 定　义 | 判　别　方　法 | 对放大电路的影响 |
|---|---|---|---|
| 正反馈 | 反馈信号使净输入信号加强 | 反馈信号与输入信号作用与同一个节点时，瞬时极性相同；作用与不同节点时，瞬时极性相反 | 使放大倍数增加，电路工作不稳定 |
| 负反馈 | 反馈信号使净输入信号削弱 | 反馈信号与输入信号作用与同一个节点时，瞬时极性相反；作用与不同节点时，瞬时极性相同 | 使放大倍数减少，且改善放大电路的性能 |
| 直流负反馈 | 反馈信号为直流信号 | 直流通路中存在反馈 | 能稳定静态工作点 |
| 交流负反馈 | 反馈信号为交流信号 | 交流通路中存在反馈 | 能改善放大电路的性能 |
| 电压负反馈 | 反馈信号从输出电压取样，即与 $u_o$ 成正比 | 反馈信号通过元件连线从输出电压 $u_o$ 端取出；或令 $u_o=0$（将负载短路），反馈信号将消失 | 能稳定输出电压，减少输出电阻 |
| 电流负反馈 | 反馈信号从输出电流取样，即与 $i_o$ 成正比 | 反馈信号与输出电压无联系；或令 $u_o=0$，反馈信号依然存在 | 能稳定输出电流，增加输出电阻 |
| 串联负反馈 | 反馈信号与输入信号在输入端以串联形式出现 | 输入信号与反馈信号在不同节点引入（如晶体管 b 和 e 极或运放的反相端和同相端） | 增加输入电阻 |
| 并联负反馈 | 反馈信号与输入信号在输入端以并联形式出现 | 输入信号与反馈信号在同一节点引入（如晶体管 b 极或运放的反相输入端） | 减少输入电阻 |

3. 负反馈电路的四种组态

由于反馈放大器在输出和输入端均有两种不同的反馈方式，因此负反馈放大器具有四种组态，即电压串联负反馈、电压并联负反馈、电流串联负反馈和电流并联负反馈。典型的四种组态负反馈放大器如图 3.2－3 所示。

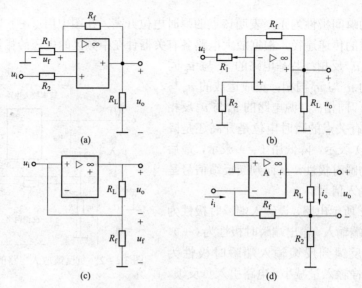

图 3.2−3　四种组态负反馈放大器

（a）电压串联负反馈；（b）电压并联负反馈；（c）电流串联负反馈；（d）电流并联负反馈

图 3.2−3（b）所示为电压并联负反馈放大器。用瞬时极性法判断：设输入端瞬时极性为（＋），因反相端输入，输出瞬时极性为（−），反馈至输入端瞬时极性为（−），使净输入量减小，为负反馈；反馈信号与输入信号接在同一输入端，为并联反馈；反馈的是电压信号，为电压反馈。

图 3.2−3（a）所示的电路，它与图 3.2−2 电路相同，为负反馈电路；反馈信号与输入信号不接在同一输入端，为串联反馈；反馈的是电压信号，为电压反馈；所以为电压串联负反馈放大器。当负载电阻改变某种原因使输出电压 $u_o$ 增加，$u_o$ 的一部分通过由 $R_f$、$R_1$ 组成的反馈网络送到反相输入端的电压 $u_f$ 增加，因 $u_i$ 不变，使运算放大器的净输入信号 $u_{id} = u_i - u_f$ 减少，结果导致 $u_o$ 减少，稳定了 $u_o$，这就是一个负反馈过程

$$U_o \uparrow \rightarrow U_f \uparrow \rightarrow U_{id} \downarrow \rightarrow U_o \downarrow$$

可见，反馈的结果使输出电压的变化减小，即输出电压稳定。同样，其他三种组态的负反馈放大器也存在类似的过程。因此，负反馈使得放大电路输出量的变化减小，即负反馈具有稳定被取样的输出量的作用，即电压负反馈可以稳定输出电压，而电流负反馈可以稳定输出电流。

📖 **思考与练习**

简述放大电路中电压串联负反馈的作用是什么？

# 任务 3.3　集成运放的理想特性与主要参数

## 3.3.1　集成运放的主要参数

集成运放的性能可以用各种参数反映，简要介绍如下：

一对大小相等、极性相同的信号称为共模信号。共模输出电压与共模输入电压之比称为共模电压放大倍数。一对大小相等、极性相反的信号称为差模信号，差模输出电压与差模输入电压之比称为差模电压放大倍数。

1. 开环差模电压放大倍数 $A_{ud}$

无反馈时集成运放的放大倍数。一般情况希望 $A_{ud}$ 越大越好，$A_{ud}$ 越大，构成的电路性能越稳定，运算精度越高。$A_{ud}$ 一般可达 100dB，高达 140dB 以上。

2. 输入失调电压 $U_{IO}$

当输入信号为零时，为了使放大器输出电压为零，在输入端外加的补偿电压，反映了运放的失调程度。$U_{IO}$ 越小，输入级对称性越好。

3. 输入失调电流 $I_{IO}$

输入信号为零时，运放两输入端的基极静态电流不相等，其差值称为输入失调电流 $I_{IO}$。数值越小，表明输入级管子 $\beta$ 的对称性越好。

*4. 共模抑制比 $K_{CMR}$

开环情况下，差模放大倍数 $A_{ud}$ 与共模放大倍数 $A_{uc}$ 之比，它表示集成运放对共模信号抑制能力，其值越大越好，一般 $K_{CMR}$ 为 60～130dB 之间。

5. 输出电压峰峰值 $U_{OPP}$

放大器在空载情况下，输出的最大不失真电压的峰峰值。

## 3.3.2　集成运放理想化条件

为了突出集成运算放大器的主要特点，简化分析过程，在应用集成运算放大器时，总是假定它是理想的，当集成运放参数具有以下特征时，称为理想运放。

开环差模电压放大倍数 $A_{ud} \to \infty$；

开环差模输入电阻 $R_{id} \to \infty$；

开环差模输出电阻 $R_{od} = 0$；

输入失调电压 $U_{IO} = 0$；

输入失调电流 $I_{IO} = 0$；

*共模抑制比 $K_{CMR} \to \infty$；

*频带宽度 BW $\to \infty$。

满足理想化的集成运放应具有无限大的差模输入电阻，趋于零的输出电阻，无限大的差模电压增益和共模抑制比，无限大的频带宽度以及趋于零的失调和漂移。虽然实际的集成运放不可能具有上述理想特性，但是在低频工作时它的特性是接近理想的。因此在实际使用和分析集成运放电路时，就可以近似地把它看成为理想集成运算放大器。

## 3.3.3　集成运放线性应用条件及其特性

把集成运放接成负反馈组态，是集成运放线性应用的必要条件。在分析集成运放线性应用时，可应用集成运放理想化条件。

集成运放理想化具有两个特性，即虚短和虚断。

1. 虚短

由式（3.1－1）得

$$u_+ - u_- = \frac{u_o}{A_{od}}$$

因为集成运放开环电压增益趋于无穷大，当运放的输出电压 $u_o$ 为有限值时，集成运放的输入电压趋于零，即两个输入端电压相等，即

$$u_+ = u_-$$

因此，集成运算放大器同相输入端与反相输入端可视为短路。

2. 虚断

理想集成运放的输入电阻趋于无穷大，故其输入端相当于开路，集成运放就不需要向前级索取电流，即

$$i_+ = i_- = 0$$

利用以上两个特性，可以十分方便地分析各种运放的线性应用电路。

需要注意的是，虚短不能认为两个输入端短路，因为实际上的 $u_{id}$ 不可能等于零，虚断也不能认为是开路，因为实际上 $i_{id}$ 不可能等于零。

📖 **思考与练习**

1. 理想运放有哪些主要特性？
2. 集成运放线性应用条件是什么？

# 任务 3.4　集成运放的常用放大电路

当集成运放引入深度负反馈，在线性工作条件下，根据两个输入端的不同连接，集成运放有反相、同相和差分输入三种方式，并利用反馈网络，形成了比例、加减、积分等各种运算电路，下面仅介绍几种常用电路。

## 3.4.1　反相输入放大电路

反相比例运算放大器电路如图 3.4-1 所示。

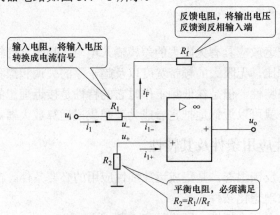

图 3.4-1　反相比例运算放大器电路

输入信号 $u_i$ 经电阻 $R_1$ 送到反相输入端，而同相输入端经 $R_2$ 接地。$R_f$ 为反馈电阻，引入

电压负反馈，输出电压 $u_o$ 通过它接到反相输入端。

图中电阻 $R_2$ 是为了与反相输入端上的外接电阻 $R_1$ 和 $R_f$ 进行直流平衡，称为直流平衡电阻，取

$$R_2 = R_1 \mathbin{/\mkern-5mu/} R_f$$

根据虚断，虚断概念有

$$i_1 = i_f$$
$$u- = u+ = 0$$

且

$$i_1 = \frac{u_i - u_-}{R_1} = \frac{u_i}{R_1}$$

$$i_f = \frac{u_- - u_o}{R_f} = -\frac{u_o}{R_f}$$

故闭环电压放大倍数为

$$A_{uf} = \frac{u_o}{u_i} = -\frac{R_f}{R_1} \tag{3.4-1}$$

结论：反相输入比例运算电路的闭环放大倍数 $A_{uf}$ 只取决于外接反馈电阻 $R_f$ 与输入端电阻 $R_1$ 之比，与集成运放本身参数无关；输出电压与输入电压成比例关系，相位相反。

图 3.4-1 所示电路为电压并联负反馈电路，凡是深度负反馈的电压并联负反馈电路，都可用式（3.4-1）估算电压放大倍数。

### 3.4.2　同相输入放大电路

同相比例运算放大电路如图 3.4-2 所示，输入信号 $u_i$ 经电阻 $R_2$ 送到同相输入端，而反向输入端通过 $R_1$ 接地并引入负反馈。该电路为电压串联负反馈电路。

由虚断、虚短性质可得出

$$A_{uf} = \frac{u_o}{u_i} = 1 + \frac{R_f}{R_1} \tag{3.4-2}$$

结论：同相输入比例运算电路的放大倍数与 $A_u$ 无关，只取决于 $R_f$ 与 $R_1$ 的比值；输出电压与输入电压同相且成比例关系。

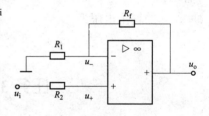

图 3.4-2　同相比例运算放大器电路

应当注意：由于二输入端存在共模输入电压，因此必须选用共模抑制比高的集成运放。

凡是深度负反馈的电压并联负反馈电路，都可用式（3.4-2）估算电压放大倍数。

### 3.4.3　电压跟随器

在式（3.4-2）中，当取 $R_1 \to \infty$，则得

$$A_{uf} = 1 \tag{3.4-3}$$

即 $u_o$ 与 $u_i$ 大小相等，相位相同，称此电路为电压跟随器，电路如图 3.4-3 所示。

电压跟随器与射极跟随器类似，但其跟随性能更好，输入电阻更高、输出电阻为零，常用做变换器或缓冲器。在电子电路中应用极广。缺点是输入电阻太高，易受周围电场干扰的影响，一般可在同相输入端接一电阻隔离，如图 3.4-4 所示。

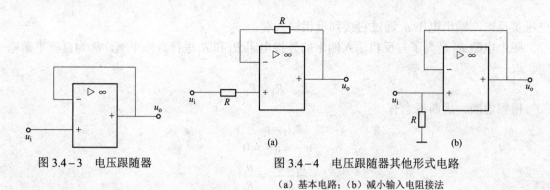

图 3.4-3　电压跟随器　　　　　图 3.4-4　电压跟随器其他形式电路

（a）基本电路；（b）减小输入电阻接法

📖 **思考与练习**

想一想，什么是同相输入放大电路？同相输入放大电路与反相输入放大电路有什么差别？

### 3.4.4　差动输入放大电路

差动输入放大电路如图 3.4-5 所示，它的输入信号是从集成运放的反相和同相输入端引入，如果反馈电阻 $R_f = R_3$，$R_1 = R_2$，此时，该差分放大器产生的输出等于 $U_1$ 和 $U_2$ 之差乘以增益系数（$R_f / R_1$），这种电路也称为减法电路。

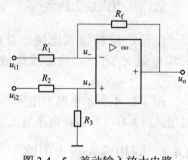

图 3.4-5　差动输入放大电路

它的输出电压为

$$U_o = R_f / R_1 (U_{i+} - U_{i-}) \tag{3.4-4}$$

## 任务 3.5　集成运放的使用常识

### 3.5.1　集成运放的选用

根据集成运放的性能不同分类，集成运放有高增益的通用型、高输入阻抗、低漂移、低功耗、高速、高压、高精度和大功率等各种专用型集成运算放大器。在选用时要考虑性能价格比，即要以较低的价格达到较高的性能。一般来说，专用型集成运放性能较好，但价格较高。在工程实践中不能一味地追求高性能，而且专用集成运放仅在某一方面有优异性能，所以在使用时，应根据电路的要求，查阅集成运放的有关参数，合理地选用。

1. 高输入阻抗型运放

这类运放主要用于测量放大器、模拟调节器、有源滤波器及采样保持电路等，它们的输入阻抗一般在 $10^9 \Omega$ 以上，如 μA740、PC152、C14573、F3130 等。国产的 F3130 输入电阻为 $10^{12} \Omega$。

2. 低漂移型运放

低漂移型运放主要用于精密测量、精密模拟计算、自控仪表、人体信息检测等方面。它们的失调电压温漂一般在 $0.2 \sim 0.6 \mu V/℃$，$A_{ud} \geqslant 110dB$，如 F725、FC72、FC74、C7650 等。

**3. 高速型运放**

高速型运算放大器是指该类集成运放具有高的单位增益带宽（一般要求 $f_T > 10\text{MHz}$）和较高的转换速率 $S_R$（一般要求 $S_R > 30\text{V/μs}$）。它们主要用于 D/A 转换和 A/D 转换，有源滤波器、锁相环、高速采样和保持电路以及视频放大器等要求输出对输入响应迅速的地方。国产 F3554 的 $S_R = 1000\text{V/μs}$，$\text{BW}_G = 1.7\text{GHz}$。

**4. 低功耗型运放**

低功耗型一般用于遥感、遥测、生物医学和空间技术研究等要求能源消耗有限制的场所。如 UA735、UPC253 等。TLC2252 的功耗约为 180，工作电源电压为 5V，$A_{ud} = 100\text{dB}$。

**5. 高压型运放**

一般用于获取较高的输出电压，如典型的 3583 型，电源电压达 ±150V。

**6. 大功率型运放**

用于输出功率要求大的场合，如 LMl2，输出电流达 ±10A。

### 3.5.2 外接电阻器的选用

外接电阻的选择对放大电路的性能有重大的影响。由于一般集成运放的最大输出电流 $I_{OM}$ 为（5~10）mA，从图 3.4-1 所示反相比例放大电路可知，流过反馈电阻 $R_f$ 的电流应满足下列要求

$$i_F = \left| \frac{u_o}{R_f} \right| \leqslant I_{OM} \qquad (3.5-1)$$

而 $u_o$ 一般为伏级，故 $R_f$ 至少取 kΩ 以上的数量级。如果 $R_f$ 和 $R_i$ 取值太小，也增加了信号源的负载。如果取用 MΩ 级，并不合适，其原因有二：第一，电阻是有误差的，阻值越大，绝对误差越大，且电阻会随温度和时间变化产生时效误差，使阻值不稳定，影响精度；第二，运放的失调电流 $I_{IO}$ 会在外接高阻值电阻时引起较大的误差信号。综合上述分析，运放的外接电阻值尽可能配用几千欧至几百千欧之间。另外，还应使反相和同相输入端外接直流通路等效电阻平衡。在图 3.4-1 中，应取 $R_2 = R_1 // R_f$。

### 3.5.3 消除自激振荡

**1. 产生高频自激振荡原因**

高频自激振动产生的原因是由于运算放大器内部晶体管的极间电容和其他寄生参数的存在。

**2. 消除高频自激振荡方法**

消除高频自激振荡方法是采用相位补偿，相位补偿的原理：是在具有高放大倍数的集成运放内部的中间级利用电容 $C_B$（几十皮法至几百皮法）构成电压并联负反馈电路。

目前大多数集成运放内部电路已设置消振补偿网络，如 5G6234。但有些运放，如 5G24、宽带运放 5G1520 等需外接消振补偿电容后才能使用，如图 3.5-1 所示的 5G24 中 8-9 脚间跨接 30pF 小电容 $C_B$，就是利用

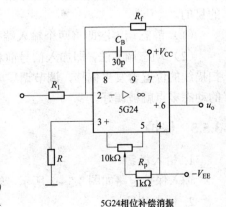

5G24相位补偿消振

图 3.5-1 相位补偿电路

相位补偿来消振的。

### 3.5.4 调零

由于运放内部参数不可能完全对称，输入信号为零，输出可能不为零，为此在使用时必须调零。

μA741 的调零电路如图 3.5－2（a）所示，同相端调零电路、反相端调零电路如图 3.5－2（b）、（c）所示。

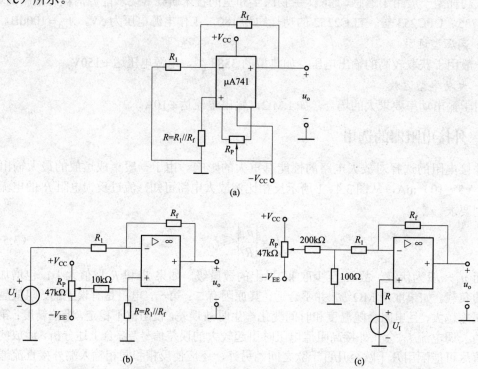

图 3.5－2　运放调零电路

（a）μA741 调零；（b）同相端调零电路；（c）反相端调零电路

调零原理：在运放的输入端外加一个补偿电压，以抵消运放本身的失调电压，达到调整的目的。

（1）静态调零法即将两个输入端接地，调节调零电位器 $R_p$，使输出为零。

（2）动态调零法，即加入信号前将示波器的扫描线调到荧光屏的中心位置，加入信号后扫描线的位置若发生偏移，调节调零电位器，使波形回到荧光屏中心的对称位置，这样运放的动态零点就被调好。

### 3.5.5 保护

1. 输入保护

输入保护电路如图 3.5－3 所示，输入电压将限制在二极管的正向压降以下。

2. 输出端保护

输出端保护电路如图 3.5－4 所示，将两个稳压管反向串联，输出电压限制在一定的范围内。

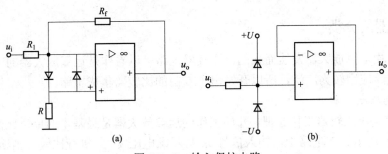

图 3.5 - 3　输入保护电路

### 3. 电源保护

电源保护保护电路如图 3.5 - 5 所示，用两个二极管来保护，以防止正、负电源接反。

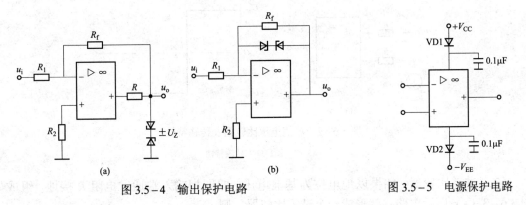

图 3.5 - 4　输出保护电路　　　　图 3.5 - 5　电源保护电路

# 任务 3.6　比较器及其应用

## 3.6.1　比较器简介

电压比较器是用来对输入电压信号（被测信号）与另一个电压信号（或基准电压信号）进行比较，并根据结果输出高电平或低电平的一种电子电路，如图 3.6 - 1 所示，是模拟电路与数字电路之间联系的桥梁，主要用于自动控制、测量、波形产生和波形变换方面。

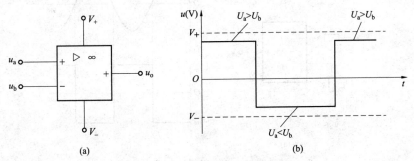

图 3.6 - 1　电压比较器电路及波形

（a）电路；（b）波形

### 3.6.2　比较器的分类

比较器是由运算放大器发展而来的,比较器电路可以看作是运算放大器的一种应用电路。由于比较器电路应用较为广泛,所以开发出了专门的比较器集成电路。

1. 单值电压比较器

(1) 单值电压比较器工作原理。开环工作的运算放大器是最基本的单值比较器,电路如图 3.6-2 (a) 所示。在电路中,输入信号 $u_i$ 与基准电压 $U_{REF}$ 进行比较。当 $u_i < U_{REF}$ 时,$U_o = +U_{om}$;当 $u_i > U_{REF}$ 时,$U_o = -U_{om}$,在 $u_i = U_{REF}$ 时,$u_o$ 发生跳变。该电路理想传输特性如图 3.6-2 (b) 所示。

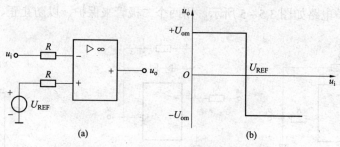

图 3.6-2　单值电压比较器及传输特性

(a) 电路图;(b) 传输特性

(2) 过零比较器。如果以地电位为基准电压,即同相输入端通过电阻 $R$ 接地,组成如图 3.6-3 (a) 所示电路,就形成一个过零比较器,则

当 $u_i < 0$ 时,则 $U_o = +U_{om}$

当 $u_i > 0$ 时,则 $U_o = -U_{om}$

也就是说,每当输入信号过零点时,输出信号就发生跳变。

在过零比较器的反相输入端输入正弦波信号可以将正弦波转换成方波,波形图如图 3.6-3 (b) 所示。

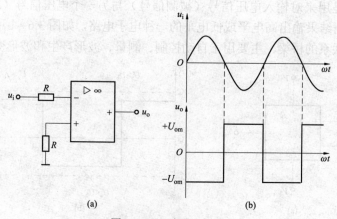

图 3.6-3　过零比较器

(a) 电路图;(b) 正弦波转换成方波波形图

（3）电压比较器的阈值电压。由上述分析可知，电压比较器翻转的临界条件是运放的两个输入端电压 $u+ = u-$，对于图 3.6-3 所示电路为 $u_i$ 与 $U_{REF}$ 比较，当 $u_i = U_{REF}$ 时，即达到 $u+ = u-$ 时，电路状态发生翻转。我们把比较器输出电压发生跳变时所对应的输入电压值称为阈值电压或门槛电压 $U_{th}$。图 3.6-3 所示电路的 $U_{th} = U_{REF}$，过零比较器的 $U_{th} = 0$，因为这种电路只有一个阈值电压，故称为单值电压比较器。

2. 迟滞比较器

单限比较器有一缺点，如果输入信号在阈值电压附近发生抖动时或者受到干扰时，比较器的输出电压就会发生不应有的跳变，就会使后续电路发生误动作，为了提高比较器的抗干扰能力，人们研制了一种具有滞回特性的比较器，亦称迟滞比较器。迟滞比较器电路如图 3.6-4 所示。

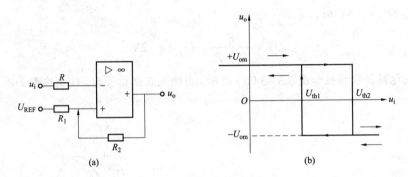

图 3.6-4　迟滞比较器

(a) 电路图；(b) 传输特性

图 3.6-4（a）中测量的信号通过平衡电阻 $R$ 接到反相端，基准电压 $U_{REF}$ 通过 $R_1$ 接到同相输入端，同时输出电压 $u_o$ 通过 $R_2$ 接到同相输入端，构成正反馈。

由图 3.6-4 可知，电阻 $R$ 上的压降为零，即 $u- = u_i$，而同时 $u+$ 受 $U_{REF}$ 和 $u_o$ 的影响，当 $u_o = +U_{om}$ 时，由叠加定理可求得

$$u'_+ = \frac{R_1}{R_1 + R_2}U_{om} + \frac{R_2}{R_1 + R_2}U_{REF} \qquad (3.6-1)$$

此时，$u_i = u- < u+$，输出电压将保持 $+U_{om}$；但当 $u_i$ 增加，使 $u- \geqslant u'_+$ 时，$u_o$ 将由 $+U_{om}$ 跳变到 $-U_{om}$，此时同相端电压为

$$u''_+ = \frac{R_1}{R_1 + R_2}(-U_{om}) + \frac{R_2}{R_1 + R_2}U_{REF} \qquad (3.6-2)$$

此时 $u_i = u- > u'_+$，输出电压将保持 $-U_{om}$ 值，但当 $u_i$ 减少，使 $u- \leqslant u''_+$ 时，$u_o$ 将再次由 $-U_{om}$ 跳变到 $+U_m$。其传输特性曲线如图 3.6-4（b）所示。

由以上分析可知迟滞比较器有两个不同的门槛电压，我们把 $u'_+$ 称为上限门槛电压，用 $U_{th1}$ 表示；把 $u''_+$ 称为下限门槛电压，用 $U_{th2}$ 表示，它们的差值称为门槛宽度（回差电压），用 $\Delta U_{th}$ 表示，即 $\Delta U_{th} = U_{th2} - U_{th1}$。

由于迟滞比较器有两个不同的门槛电压，因此只要门槛宽度大于干扰电压的变化幅度，就能有效地抑制干扰信号。

以上分析的单限比较器、迟滞比较器，$U_{REF}$ 和 $u_i$ 的电压可由任意端输入，其工作过程和输入输出特性与上述比较器类似，读者可用同样的方法自行分析。

*【例 3.6-1】图示 3.6-5（a）所示电压比较器，双向稳压管的稳定电压为 ±6V，请画出它的传输特性。当输入一个幅度为 4V 的正弦信号时，画出输出电压波形。

解：这是一个迟滞比较器，迟滞比较器有两个门槛电压，应先根据反馈电阻与输出电压的状态求上、下限门槛电压。输入电压信号从反相输入端输入，假设初始状态时输出正电压。即

当 $u_o = U_{om} = 6V$ 时，求得

$$U_{th1} = \frac{R_1}{R_1 + R_2} U_{om} = 2V$$

当 $u_o = -U_{om} = -6V$ 时，求得

$$U_{th2} = \frac{R_1}{R_1 + R_2} (-U_{om}) = -2V$$

所以，此电路传输特性如图 3.6-5（b）所示，当输入正弦信号时，输出波形如图 3.6-5（c）所示。

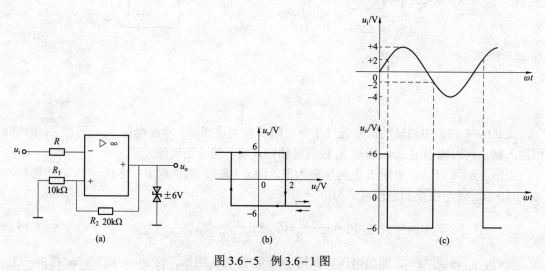

图 3.6-5　例 3.6-1 图

（a）电压比较器；（b）电路传输特性；（c）输出波形图

### 3.6.3　比较器与运放的差别

运放可以做比较器电路，但性能较好的比较器比通用运放的开环增益更高，输入失调电压更小，共模输入电压范围更大，使比较器响应速度更快。另外，比较器的输出级常用集电极开路结构，如图 3.6-6 所示，它外部需要接一个上拉电阻或者直接驱动不同电源电压的负载，应用上更加灵活。但也有一些比较器为互补输出，无需上拉电阻。

这里顺便要指出的是，比较器电路本身也有技术指标要求，如精度、响应速度、传播延迟时间、灵敏度等，大部分参数与运放的参数相同。在要求不高时可采用通用运放来做比较器电路。如在 A/D 变换器电路中要求采用精密比较器电路。

由于比较器与运放的内部结构基本相同，其大部分参数（电特性参数）与运放的参数项基本一样（如输入失调电压、输入失调电流、输入偏置电流等）。

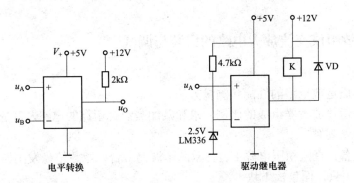

图 3.6-6　比较器应用电路

## *3.6.4　比较器组成的延时电路

比较器组成的延时电路如图 3.6-7 所示。此电路可用在一些自动控制系统中。电阻 $R_1$、$R_2$ 组成分压电路，为运放 $A_1$ 负输入端提供偏置电压 $U_1$，作为比较电压基准。静态时，电容 $C_1$ 充电完毕，运放 $A_1$ 同相输入端电压 $U_2$ 等于电源电压 $V+$，故 $A_1$ 输出高电平。当输入电压 $U_i$ 变为低电平时，二极管 VD1 导通，电容 $C_1$ 通过 VD1 迅速放电，使 $U_2$ 突然降至地电平，此时因为 $U_1 > U_2$，故运放 $A_1$ 输出低电平。当输入电压变高时，二极管 VD1 截止，电源电压 $R_3$ 给电容 $C_1$ 充电，当 $C_1$ 上充电电压大于 $U_1$ 时，既 $U_2 > U_1$，$A_1$ 输出又变为高电平，从而结束了一次单稳触发。显然，提高 $U_1$ 或增大 $R_2$、$C_1$ 的数值，都会使单稳延时时间增长，反之则缩短。

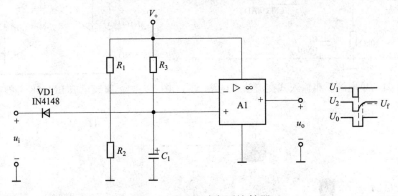

图 3.6-7　延时电压比较器

如果将二极管 VD1 去掉，则此电路具有加电延时功能。刚加电时，$U_1 > U_2$，运放 $A_1$ 输出低电平，随着电容 $C_1$ 不断充电，$U_2$ 不断升高，当 $U_2 > U_1$ 时，$A_1$ 输出才变为高电平。

## 任务 3.7 集成运放应用电路的安装与调试

### 3.7.1 集成运放组成交流放大电路的组装与调试

1. 实训目的

（1）掌握集成运放电路的性能和测量方法。

（2）掌握用运算放大器组成的比例、求和及加减混合运算的电路及其应用。

2. 实训设备及器件

（1）实训设备：直流稳压电源 1 台，双踪示波器 1 台，函数信号发生器 1 台，交流毫伏表 1 台，万用表 1 只，面包板 1 块。

（2）实训器件：LM358、电阻、电容、电位器。

3. 实训内容及说明

采用双运放 LM358 组成一交流放大电路，电路采用单电源供电方式，图 3.7-1 所示为其组成的单电源反相输入交流放大电路。为了避免电源的纹波电压对 $U+$ 电位的干扰，可以在 $R_2$ 两端并联滤波电容 $C_3$，消除谐振；由于 $C_1$ 隔直流，使 $R_f$ 引入直流全负反馈。$C_1$ 通交流，使 $R_f$ 引入交流部分负反馈，是电压并联负反馈。

集成运放 LM358 为 8 脚集成双运放芯片，其引脚排列功能如图 3.7-2 所示。注意 LM358 所用直流电源为 ±12V。

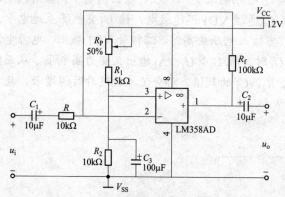

图 3.7-1 单电源反相输入式交流放大电路

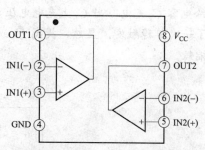

图 3.7-2 集成运放 LM358 引脚排列及功能

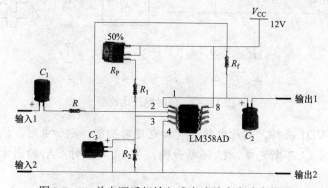

图 3.7-3 单电源反相输入式交流放大电路实物图

4. 实训内容及其步骤

（1）组装电路。按照图 3.7-3 在面包板万能印制电路板上安装单电源反相输入式交流放大电路，将各元器件全部焊接好。

（2）通电测试。检查无误后，给电路接通直流电源。调节电位器 $R_p$，检测同相输入端和输出端的静态电位，填入表 3.7-1 中。

**表 3.7-1**　　　　　　　　　　　　测 试 数 据

| $U+/V$ | | | | |
|---|---|---|---|---|
| $U-/V$ | | | | |
| $U_o/V$ | | | | |

由于运算放大器的"虚短"特性，$U- = U+ = U_o$。为使放大的信号不失真，运算放大器的两输入端和输出端的静态电位必须大于 0V，一般取电源电压的一半。

（3）动态检测。由函数发生器输入 $f=1kHz$ 的正弦信号 $u_i$，接到放大器的反相输入端加入信号，利用双踪示波器观察输入输出端的波形，并在放大器输出电压较大而不是真的条件下，测量 $\dot{U}_o$、$\dot{U}_i$ 的值，计算 $\dot{A}_u$ 的值，填入表 3.7-2 中。

**表 3.7-2**　　　　　　　　　　　　测 试 数 据

| 实测 | | 实测计算 | 估算 |
|---|---|---|---|
| $u_i/mV$ | $u_o/V$ | $A_u$ | $A_u$ |
| | | | |

在估算放大电路的电压增益 $A_u$ 时，可以用公式 $A_u = \dfrac{u_o}{u_i} \approx -\dfrac{R_f}{R}$ 进行估算。

（4）输入输出电阻。放大电路的输入电阻 $R_i \approx R$，放大电路的输出电阻 $R_o = r_{of} \approx 0$。

5. 实训报告

（1）整理测量数据，列出表格。

（2）将实验值与理论值加以比较，分析误差原因。

6. 巩固思考

（1）电路能获得的最高放大倍数是多少？

（2）将电路接成单电源同相输入，重复上述步骤测量计算参数。

7. 考核评价

依据表 3.7-3 所列标准进行考核评价。

**表 3.7-3**　　　　　　　　　　　　任 务 评 价 标 准

| 考核项目 | 配分 | 工 艺 标 准 | 评 分 标 准 | 扣分记录 | 得分 |
|---|---|---|---|---|---|
| 观察识别能力 | 10 分 | 能正确识读元器件标志符号，判别元器件引脚、极性 | （1）识读元器件标志符号错误，每处扣 0.5 分<br>（2）元器件引脚、极性判别错误，每处扣 0.5 分 | | |

| 考核项目 | 配分 | 工 艺 标 准 | 评 分 标 准 | 扣分记录 | 得分 |
|---|---|---|---|---|---|
| 电路组装能力 | 50分 | （1）元器件布局合理、紧凑<br>（2）导线横平、竖直，转角成直角，无交叉<br>（3）元器件间连接关系和原电路图一致<br>（4）元器件安装平整、对称，电阻器、二极管、集成电路水平安装，紧贴印制电路板，电容器、发光二极管、立式安装<br>（5）绝缘恢复良好，紧固件牢固可靠<br>（6）未损伤导线绝缘层和元器件表面涂敷层<br>（7）焊点光亮、清洁、焊料适量，无漏焊、虚焊、假焊、搭焊、溅锡等现象<br>（8）焊接后元器件引脚剪脚留头长度小于1mm | （1）元器件布局不合理，每处扣5分<br>（2）导线不平直，转角不成直角，每处扣2分，出现交叉每处扣5分<br>（3）元器件错装、漏装，每处扣5分<br>（4）元器件安装歪斜、不对称，高度超差，每处扣1分<br>（5）绝缘恢复不符合要求，扣10分<br>（6）损伤导线绝缘层和元器件表面涂敷层，每处扣5分<br>（7）紧固件松动，每处扣2分<br>（8）焊点不光亮、不清洁、焊料不适量，漏焊、虚焊、假焊、搭焊、溅锡，每处扣1分<br>（9）剪脚留头长度大于1mm，每处扣0.5分 | | |
| 仪表使用能力和调试能力 | 30分 | （1）能对任务所需仪器仪表进行使用前检查与校正<br>（2）能根据任务采用正确的测试方法与工艺，正确使用仪器仪表<br>（3）测试结果正确合理，数据整理规范正确<br>（4）确保仪器仪表完好无损<br>（5）经检验，符合调试要求 | （1）不能对任务所需仪器仪表进行使用前检查与校正，每处扣5分<br>（2）不能根据任务采用正确的测试方法与工艺，每处扣5分<br>（3）测试结果不正确、不合理，每处扣5分<br>（4）数据整理不规范、不正确，每处扣5分<br>（5）使用不当损坏仪器仪表，每处扣10分 | | |
| 安全文明生产 | 10分 | 安全文明生产 | （1）违反安全操作规程，扣10分<br>（2）违反文明生产要求，扣10分 | | |
| 考评人 | | | 得分 | | |

## 3.7.2 汽车蓄电池过电压、欠电压报警电路的安装与调试

1. 实训目的

（1）掌握单元电路的综合应用能力。

（2）进一步掌握电路分析，设计的思路，并巩固电路的制作调试能力。

（3）掌握电压比较器组成报警电路原理的分析。

2. 实训设备及器件

（1）实训设备：直流稳压电源1台，双踪示波器1台，函数信号发生器1台，交流毫伏表1台，万用表1只，面包板1块。

（2）实训器件：电压比较器LM339、电阻、电容、电位器、发光二极管、稳压二极管。

3. 实训内容及说明

设计一个12V汽车蓄电池电压过电压、欠电压报警电路，当蓄电池电压大于13V和低于10V时，各由一个发光二极管发光报警。设计任务中电路为电平检测器，可用两个比较器组成一个欠电压报警电路和一个过电压报警电路。为降低成本，比较器的参考电压拟采用一个两个比较器共用的高稳定度的集成电压基准源。为使电路可靠工作，选用LM339型集成电压

比较器组成电路，其中 A1 组成过电压检测电路，A2 组成欠电压检测电路。VZ 提供参考电压建立稳定阈值电压，$R_3$ 为 VZ 偏置限流电阻。电路如图 3.7－4 所示。电压比较器 LM339 引脚图如图 3.7－5 所示。

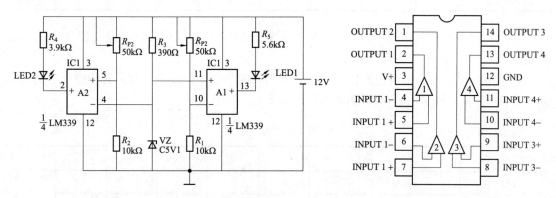

图 3.7－4　汽车蓄电池过电压、欠电压报警电路　　　　　图 3.7－5　LM339 引脚图

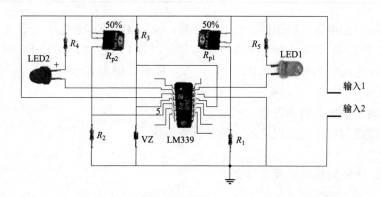

图 3.7－6　汽车蓄电池过电压、欠电压报警电路实物图

**4. 实训内容及其步骤**

按照图 3.7－6 在面包板或万能印制电路板上安装过电压、欠电压报警电路，将各元器件全部焊接好。

当输入 12V 的电压时，用数字万用表检测稳压管的稳压值为_____。（基准电压）

首先把输入电压调节到 13V，调节 $R_{P1}$，使 LM339 的 10 脚电压在 5～6V 之间，查看 LED1 指示灯的亮灭。将 10 管脚电压值与 LED1 灯亮灭记录在表 3.7－4 中。（灯亮灭分：灭，微亮，亮）

表 3.7－4　　　　　　　　　　　　　　测　试　数　据

| 10 脚电压/V | | | | | | | |
|---|---|---|---|---|---|---|---|
| LED1 | | | | | | | |

接着把输入电压调节到 10V，调节 $R_{P2}$，使 LM339 的 5 脚电压在 5～6V 之间，查看 LED2 指示灯的亮灭。将 5 管脚电压值与 LED2 灯亮灭记录在表 3.7－5 中。（灯亮灭分：灭，微亮，亮）

表 3.7–5 测 试 数 据

| 5 脚电压/V | | | | | | | | | | |
|---|---|---|---|---|---|---|---|---|---|---|
| LED2 | | | | | | | | | | |

从上述现象发现 LM339 的电压比较功能在此电路中并没有表现得像我们预计的那么灵敏。

调节两个电位器，把两边的比较电压均调为基准电压，并使两个发光管均熄灭。然后输入电压 8～14V 之间调节，将检测的情况填入表 3.7–6 中。

表 3.7–6 测 试 数 据

| 输入电压/V | | | | | | | | | | |
|---|---|---|---|---|---|---|---|---|---|---|
| LED1 | | | | | | | | | | |
| LED2 | | | | | | | | | | |

当输入电压在 A 电压值以下时，红 LED2 亮，绿 LED1 灭；当电压大于 A 电压值、小于 B 电压值时，2 个 LED 均灭；当电压大于 B 电压值时绿 LED1 亮，红 LED2 灭。电路功能基本实现。这里 A 电压值为实际电压值_____V，B 电压值为实际电压值_____V。

5．实训报告

（1）整理测量数据，列出表格。

（2）将实验值与理论值加以比较，分析误差原因。

6．考核评价

依据表 3.7–3 所列标准进行考核评价。

### 3.7.3 可燃气体报警器中比较器及其延时电路的安装与调试

1．电路原理与电路图

在工程实际中，利用电容充放电特性，把比较器改造成延时控制电路。图 3.7–7 所示电路是实用可燃气体报警器中的延时控制电路的截图。比较器 A2 的反相输入端接高电平，比较器 A2 输出低电平，VD6（黄色 LED）点亮。输出端同时接可燃气体报警器的被控制电路，详情参阅附录图 B–2。电路得电后，电容 $C_5$ 充电，因 $R_8 = R_9$，比较器 A2 的阈值电压 $U_{th2} = 2.5V$。当 $U_{C5} = U_{th2} = 2.5V$ 时比较器 A2 翻转，输出高电平，黄色 LED 熄灭。电容充电时间由下式计算

$$U_C(t) = U(1 - e^{-\frac{t}{RC}}) \tag{3.7-1}$$

电容器的充电时间即延时控制时间。本例中，$U = V_{CC} = 5V$、$C_5$ 由零充电到 $U_{C5}(t) = 2.5V$ 时所需的时间为

$$t \approx 0.69 R_7 C_5 \tag{3.7-2}$$

可用式（3.7–2）来选择计算延时电路的阻容元件参数。本电路是按延时 5min 进行设计的。

2. 装配与调试

（1）安装。按图 3.7-7 所示电路自行设计装接线安装电路。实物装配参考图如图 3.7-8 所示。

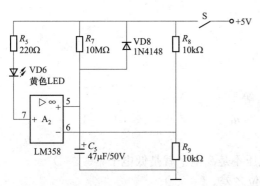

图 3.7-7　比较器构成延时控制实用电路

图 3.7-8　比较器构成延时控制电路实物装配图

（2）调试。安装完毕检查无误，在两接线插针上接通电源，按下开关，用数字万用表测试电源电压，测试集成运放、发光二极管各引脚电压，做好记录。按下开关后计时，5min 左右，发光二极管点亮。用数字万用表测试集成运放、发光二极管各引脚电压，做好记录。如延时时间误差等于或超过半分钟，分析检查原因。

3. 考核评价

根据安装调试情况按表 3.7-3 所示任务评价标准，评定成绩。

📖 单元小结

（1）集成运算放大器一般由输入级、电压放大级、输出级和偏置电路四部分组成。

（2）集成运放具有放大倍数高、输入电阻大、输出电阻小、共模拟制比大和失调小等优点。

（3）理想集成运放的特点有：开环差模电压放大倍数 $A_{ud} \to \infty$、开环差模输入电阻 $R_{id} \to \infty$、开环差模输出电阻 $R_{od} = 0$、共模抑制比 $K_{CMR} \to \infty$。

（4）理想运放线性运用有两个重要条件：一是两输入端电位相等，即 $u_+ = u_-$，简称虚短；二是两输入电流等于零，即 $i_+ = i_- = 0$，简称虚断。

（5）集成运放的线性应用基本电路有反相输入、同相输入、差分输入三种组态，在此基础上可组成加法器、减法器等应用电路。

（6）负反馈有四种反馈类型：电压串联负反馈、电压并联负反馈、电流串联负反馈和电流并联负反馈，不同的反馈类型对电路有不同的影响。

📖 练习题

一、填空题

1. 理想集成运放的 $A_{Ub} =$ _____，$K_{CMR} =$ _____。

2. 理想集成运放的开环差模输入电阻 $r_i =$ _____，开环差模输出电阻 $R_{ro} =$ _____。

3. 电压比较器中集成运放工作在非线性区，输出电压 $U_o$ 只有_____或_____两种的状态。

4. 集成运放工作在线性区的必要条件是＿＿＿＿＿＿＿。

**二、选择合适答案填入空内**

1. 集成运放虚断、虚短的具体含义为（　　）。

　　A. 虚断是 $u_+ = u_-$，虚短是 $i_- = i_+ = 0$

　　B. 虚断是 $i_+ = i_- = 0$，虚短是 $u_+ = u_-$

　　C. 虚断是 $u_+ = u_- = 0$，虚短是 $i_- = i_+ = 0$

　　D. 虚断是 $u_+ = u_- = 0$，虚短是 $i_+ = i_-$

2. 集成运放组成电压跟随器的输出电压 $u_o$ 等于（　　）。

　　A. $u_I$　　　　　　　　B. $+1$　　　　　　　　C. $-u_I$　　　　　　　　D. $-1$

**三、判断题**

1. 当集成运放工作在非线形区时，输出电压不是高电平就是低电平。（　　）

2. 运放的输入失调电压 $U_{IO}$ 是两输入端电位之差。（　　）

3. 运放的输入失调电流 $I_{IO}$ 是两端电流之差。（　　）

4. 运放的共模抑制比 $K_{CMR} = \left| \dfrac{A_{ud}}{A_{uc}} \right|$（　　）。

5. 集成运放组成运算电路中一般均引入负反馈。（　　）

6. 同相比例运算电路的闭环电压放大倍数数值一定大于或等于1。（　　）

**四、解答计算题**

1. 理想运算放大器有哪些特点？什么是"虚断"和"虚短"？

2. 图 3.4-1 所示电路，$R_f = 100\text{k}\Omega$，$R_1 = 10\text{k}\Omega$，电路电压放大倍数 $A_u$ 等于多少？$R_2$ 应取多大阻值电阻？

3. 图 3.4-2 所示电路，$R_f = 100\text{k}\Omega$，$R_1 = 10\text{k}\Omega$，电路电压放大倍数 $A_u$ 等于多少？$R_2$ 应取多大阻值电阻？

# 项目 4　低频功率放大电路的安装与调试

## 学习目标

（1）了解功放电路特点、分类及对功放的要求。

（2）熟悉 OCL、OTL 电路组成及工作原理。

（3）掌握交越失真产生原因和消除交越失真方法。

（4）熟悉典型集成功放的引脚功能及实际使用。

（5）会合理选用、测试功率放大电路元器件。

（6）学会安装与调试功率放大电路。

图 4.0 - 1　实际功率放大电路

在我们平时使用的许多电子产品中如电视机、组合音响、收音机以及手机等，里面都有功率放大电路。实际功率放大电路如图 4.0 - 1 所示。

## 任务 4.1　认识低频功率放大电路

能够为负载提供足够大功率的放大电路称为功率放大电路，简称功放。信号放大及功率输出流程图如图 4.1 - 1 所示。

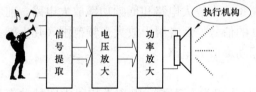

图 4.1 - 1　信号放大及功率输出流程图

### 4.1.1　功率放大电路的特点和要求

1. 功率放大电路的特点

从能量控制的观点来看，功率放大电路和电压放大电路没有本质的区别，但是功率放大电路和电压放大电路所要完成的任务是不同的。电压放大电路的主要任务是把微弱的信号电压进行放大，而功率放大电路则不同，它的主要任务是不失真或失真较小地放大信号功率，通常在大信号情况下工作，讨论的主要技术指标是最大不失真输出功率、电源转换效率、功放管的极限参数及电路防止失真的措施。

2. 功率放大电路的要求

针对功率放大电路的特点，对功率放大电路有以下几点要求：

（1）要有尽可能大的输出功率。为了获得足够大的输出功率，要求功放管的电压和电流都允许有足够大的输出幅度，因此功放管往往工作于接近极限状态，在工作时必须考虑功放管的极限参数 $U_{(BR)CEO}$、$I_{CM}$ 和 $P_{CM}$。

（2）电源转换效率要高。任何放大电路的实质都是通过放大管的控制作用，把电源供给的直流功率转换为负载输出的交流功率，这就有一个如何提高能量转换效率的问题。放大电路的效率是指负载获得的功率 $P_o$ 与电源提供的功率 $P_V$ 之比，用 $\eta$ 表示，即

$$\eta = P_o/P_V \tag{4.1-1}$$

对小信号的电压放大电路来讲，由于输出功率较小，电源提供的直流功率也小，效率问题也就不突出。但对于功率放大电路来讲，由于输出功率较大，效率问题就显得突出了。

（3）非线性失真要小。由于功率放大电路在大信号下工作，所以不可避免地会发生非线性失真，而且对于同一功率的放大管，其输出功率越大，非线性失真往往越严重，这就使输出功率和非线性失真成为一对矛盾。但是在不同场合，对非线性失真的要求是不同的。例如，在测量系统和电声设备中，要求非线性失真越小越好，而在工业控制系统等场合中，则以输出功率为主要目的，对非线性失真的要求就降为次要问题了。

（4）要加装散热和保护装置。在功率放大电路中，为使输出功率尽可能大，要求晶体管工作在极限应用状态，即晶体管集电极电流大时接近 $I_{CM}$；管压降最大时接近 $U_{(BR)CEO}$；耗散功率最大时接近 $P_{CM}$。因此，功放管的散热条件要好，且需要有一定的过电流保护装置。

### 4.1.2 功率放大器的分类

**1. 按照组成结构分类**

功率放大电路按构成放大电路器件的不同可分为分立元件功率放大电路和集成功率放大电路。由分立元件构成的功率放大电路，电路所用元器件较多，对元器件的精度要求也较高。输出功率可以做得比较高。采用单片的集成功率放大电路，主要优点是电路简单，设计生产比较方便，但是其耐电压和耐电流能力较弱，输出功率偏小。

**2. 按照放大信号的频率分类**

功率放大电路按放大信号的频率，可分为高频功率放大电路和低频功率放大电路。前者用于放大射频范围（几百千赫兹到几十兆赫兹）的信号，后者用于放大音频范围（几十赫兹到几十千赫兹）的信号。本章主要讨论的是低频功率放大电路。

**3. 按照晶体管的工作状态分类**

根据晶体管静态工作点 Q 的位置不同，可分为甲类、乙类、甲乙类和丙类四种功率放大电路。

 知识拓展

## 负载线与静态工作点

晶体管放大电路是由非线性的晶体管和线性的直流电源、电阻器、电容器等元器件组成的。在用图解法分析晶体管放大电路时，晶体管用晶体管的伏安特性来表示。线性的元件的伏安特性是条直线。因而放大电路作静态分析时，要在放电路的直流通路上进行分析，电阻在晶体管伏安特性上作出的直线称为直流负载线，直流负载线与晶体管曲线族中某一曲线交

点称为静态工作点。在放大电路交流分析时，要在放大电路的交流通路上进行分析，线性元件等效电路在晶体管伏安特性上作出的直线称为交流负载线。

**1. 甲类功率放大器**

晶体管的静态工作点 Q 设置在交流负载线的中点附近，如图 4.1−2 所示。在输入信号的整个同期内都有 $i_C$ 流过功放管，导通角为 360°，如图 4.1−3 所示，波形失真小。由于静态电流大，放大器的效率较低，最高只能达到 50%。

**2. 乙类功率放大电路**

晶体管的静态工作点设置在交流负载线的截止点，如图 4.1−2 所示。在输入信号的整个周期内，功放管仅在输入信号的正半周导通，$i_C$ 波形只有半个波输出，导通角为 180°，如图 4.1−3 所示，由于几乎无静态电流，功率损耗最小，使效率大大提高。乙类功率放大电路采用两个晶体管组合起来交替工作，则可以放大输出完整的全波信号。

**3. 甲乙类功率放大电路**

晶体管的静态工作点介于甲类与乙类之间，一般略高于乙类，如图 4.1−2 所示。功放管有不大的静态电流，在输入信号的整个周期内，在大于半个周期内有 $i_C$ 流过功放管，导通角大于 180°，它的波形失真情况和效率介于甲类和乙类之间，是实用的功率放大器经常采用的方式。

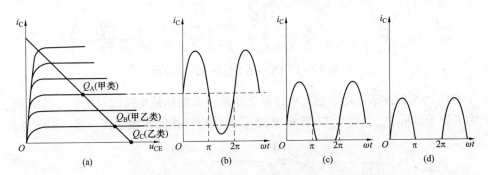

图 4.1−2　各类功率放大电路的静态工作点及其波形
（a）工作点位置；（b）甲类波形；（c）甲乙类波形；（d）乙类波形

📖 **思考与练习**

想一想。乙类功放的效率比甲类功放高，为什么？

# 任务 4.2　认 识 OCL 电 路

双电源互补对称功放电路又称无输出电容的功放电路，简称 OCL 电路。

**1. OCL 基本电路及工作原理**

（1）电路的组成。OCL 电路的原理如图 4.2−1 所示，图中 VT1 为 NPN 型晶体管，VT2 为 PNP 型晶体管，两管参数要求基本一致，两管的发射极连在一起作为输出端，直接接负载

电阻 $R_L$，两管都为共集电极接法。正、负对称双电源供电，两管中的静态电位为零。

（2）工作原理。当输入信号 $u_i = 0$ 时，电路处于静态，两管都不导通，静态电流为 0，电源不消耗功率。

当 $u_i$ 为正半周时，VT1 管导通，VT2 管截止，电流 $i_{C1}$ 流经负载 $R_L$ 形成输出电压 $u_o$ 的正半周。

当 $u_i$ 为负半周时，VT1 管截止，VT2 管导通，电流 $i_{C2}$ 流经负载 $R_L$ 形成输出电压 $U_o$ 的负半周。

由此可见，VT1、VT2 实现了交替工作，正、负电源供电。这种不同类型的两只晶体管交替工作，且均组成射极输出形式的电路称为"互补电路"，两只管子的这种交替工作方式称为"互补"工作方式，这种功放电路通常称为互补对称功率放大电路。

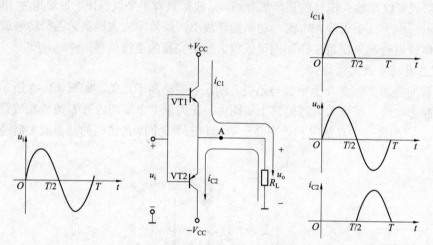

图 4.2 - 1　OCL 基本电路及工作波形

（3）输出功率和效率。功率放大电路最重要的技术指标是电路的最大输出功率 $P_{om}$ 及效率 $\eta$。为了便于分析 $P_{om}$，将 VT1 管和 VT2 管的输出特性曲线组合在一起，如图 4.2 - 2 所

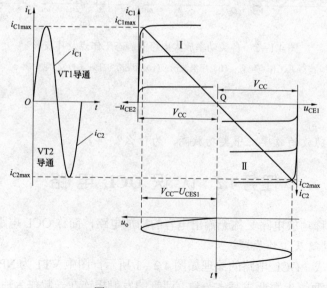

图 4.2 - 2　OCL 的图解分析

示。图中 I 区为 VT1 管的输出特性，II 区为 VT2 的输出特性。因两管子的静态电流很小，所以可以认为静态工作点在横轴上，如图中所标的 Q 点。因而，最大输出电压幅值为 $V_{CC}-U_{CES}$（$U_{CES}$ 为晶体管饱和压降，硅管 $U_{CES}$ 为 0.3V）。

根据以上分析，不难求出工作在乙类的互补对称电路的输出功率、管耗、直流电源供给的功率和效率。

🔍**知识拓展**

2. 电路性能参数计算

（1）最大输出功率 $P_{om}$。由图 4.2-2 可见，$I_{om}=I_{cm}$，得

$$P_o = \frac{1}{2}I_{cm}U_{om} = \frac{1}{2}\frac{U_{om}^2}{R_L} \tag{4.2-1}$$

当输入信号足够大时，$U_{om}=V_{CC}-U_{CE(sat)} \approx V_{CC}$，则获得的最大输出功率

$$P_{om} = \frac{1}{2}\cdot\frac{U_{om}^2}{R_L} \approx \frac{1}{2}\cdot\frac{V_{CC}^2}{R_L} \tag{4.2-2}$$

（2）直流电源供给功率 $P_V$。根据数学分析，周期性半波电流的平均值 $I_{av}=\frac{1}{\pi}I_{cm}$，因此正负电源供给的直流功率

$$P_V = \frac{2V_{CC}U_{om}}{\pi R_L} \tag{4.2-3}$$

（3）管耗 $P_C$。在功率放大电路中，电源提供的功率，除了转换为输出功率外，其余部分主要消耗在晶体管上，由于 VT1、VT2 各导通半个周期，且两管对称，故两管的管耗是相同的，每只管子的平均管耗为

$$P_{C1} = \frac{1}{2}(P_V - P_o) = \frac{1}{R_L}\left(\frac{V_{CC}U_{om}}{\pi} - \frac{U_{om}^2}{4}\right) \tag{4.2-4}$$

输出最大功率时的管耗

$$P_{C1(U_{om}\approx V_{CC})} \approx 0.137P_{om}。$$

当输入电压为零时，由于集电极电流很小，管子的功耗很小；输入电压最大，即输出功率最大时，由于管压降很小，管子的功耗也很小；可见，管耗最大既不是在输入电压最小时，也不是在输入电压最大时。可以证明，当 $U_{om}=\frac{2}{\pi}V_{CC}$ 时，出现最大管耗 $P_{cm1}\approx 0.2P_{om}$。

（4）效率

$$\eta = \frac{P_o}{P_V} = \frac{\pi}{4}\cdot\frac{U_{om}}{V_{CC}} \tag{4.2-5}$$

当电路输出最大功率时，$U_{om}\approx V_{CC}$，效率最大

$$\eta_m = \frac{\pi}{4} \approx 78.5\%$$

（5）功放管的选择。功放管的极限参数有 $P_{CM}$、$I_{CM}$、$U_{(BR)CEO}$，应满足下列条件：

1）功放管集电极的最大允许功耗

$$P_{CM} > 0.2P_{om} \qquad (4.2-6)$$

2）功放管的最大耐压 $U_{(BR)CEO}$。在该电路中，当一只管子饱和导通时，另一只管子承受的最大反向电压为 $2V_{CC}$。即

$$|U_{(BR)CEO}| > 2V_{CC} \qquad (4.2-7)$$

3）功放管的最大集电极电流

$$I_{CM} > V_{CC}/R_L \qquad (4.2-8)$$

**3. OCL 实用电路：甲乙类互补对称功率放大器**

（1）乙类互补对称功放的交越失真。前面讨论如图 4.2-1 所示的乙类互补对称功率放大电路，实际上并不能使输出波形很好地反映输入的变化。根据晶体管的输入特性可知，晶体管只有在加于其发射结的电压大于门坎电压时才能导通。由于没有直流偏置，当 $u_i$ 较低小于晶体管的门坎电压时，VT1 和 VT2 管都截止，$i_{C1}$ 和 $i_{C2}$ 基本为 0，负载 $R_L$ 上无电流流过，就没有电压输出，出现一段死区，如图 4.2-3 所示，这种现象称为交越失真。

（2）甲乙类互补对称功率放大器。为了克服交越失真，可给两互补晶体管的发射结设置一个很小的正向偏置电压，使它们在静态时处于微导通状态。这样既消除了交越失真，又使晶体管工作在接近乙类的甲乙类状态，效率仍然很高。图 4.2-4 所示电路就是按照这种要求来构成的甲乙类功放电路，为减小失真，要求两个管子的 $\beta$ 值、$I_{CEO}$ 等参数尽可能相等。

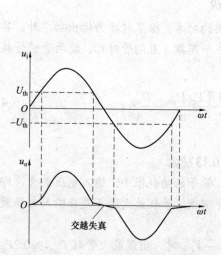

图 4.2-3　乙类互补对称功放的交越失真

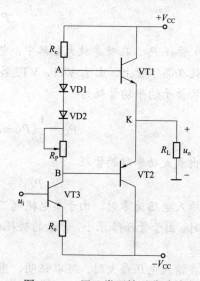

图 4.2-4　甲乙类互补对称功放电路

图 4.2-4 中，静态时 VD1、VD2 两端压降加到 VT1、VT2 的基极之间，使两晶体管处于微导通状态。当有信号输入时，由于 VD1、VD2 对交流信号近似短路（其正向交流电阻很小），因此加到两管基极的正、负半周信号的幅度相等。

📖 **思考与练习**

1. 为什么射极输出电路具有带负载能力强的特点？

2. 为减小失真，在 2 只功放管配对选择的时候，对电流放大系数这个性能参数有什么要求？

# 任务 4.3 认识 OTL 电路

OCL 电路具有线路简单、效率高等特点，但要采用双电源供电，某些场合往往给使用带来不便。为克服这个缺点，通常采用单电源供电的互补对称电路，这种电路称为无输出变压器的功放电路，简称 OTL 电路，电路如图 4.3－1 所示。

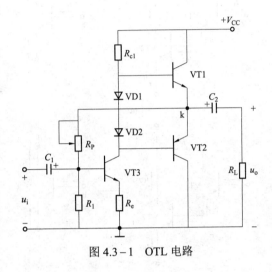

图 4.3－1 OTL 电路

OTL 电路与 OCL 电路比较，除单电源供电，最明显的特征是在输出端负载支路中串接了一个大容量的电容 $C_2$。

图中 VT3 前置放大级，VT1、VT2 组成互补对称输出级，VD1、VD2 保证电路工作于甲乙类状态。

当 $u_i$ 为负半周时，VT1 导通，VT2 截止，有电流流过负载 $R_L$，同时向 $C_2$ 充电。

当 $u_i$ 为正半周时，VT1 截止，VT2 导通，此时 $C_2$ 起着电源的作用，通过负载 $R_L$ 放电。

电容 $C_2$ 和一个电源 $V_{CC}$ 起到了原来的 $+V_{CC}$ 和 $-V_{CC}$ 两个电源的作用，但其电源电压值应等效为 $V_{CC}/2$。显然若把 OCL 电路性指标中的 $V_{CC}$ 换成 $V_{CC}/2$，就得到 OTL 电路的性能指标。

📖 思考与练习

1. 为什么 OTL 电路输出电压 $u_o$ 的最大幅值约为 $V_{CC}/2$？
2. 交越失真是如何产生的？如何克服？

# 任务 4.4 认识复合管的功率放大电路

1. 复合管的几种接法

为了使功率放大电路输出较大的功率，必须向负载提供较大的电流。而单个功放管的电流放大系数 $\beta$ 有限，因此采用多个晶体管构成的复合管作为功放管，以提高总的电流放大系数，满足功率放大的需要。

复合管的接法如图 4.4－1 所示。

以图 4.4－1（a）为例，分析一下复合管的电流放大系数

$$i_c = i_{c1} + i_{c2} = \beta_1 i_{b1} + \beta_2 i_{b2}$$

$$= \beta_1 i_{b1} + \beta_2 i_{e2} \approx \beta_1 i_{b1} + \beta_1 \beta_2 i_{b1} \approx \beta_1 \beta_2 i_{b1}$$

$$\beta \approx \beta_1 \beta_2$$

$\beta$ 就是复合管的电流放大系数。

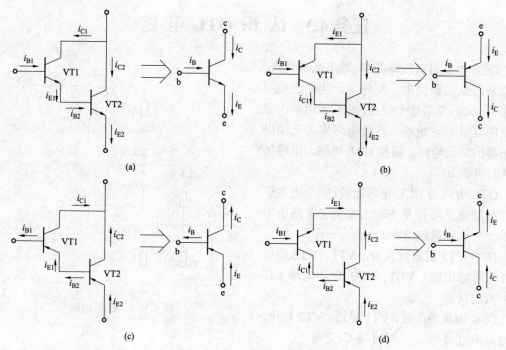

图 4.4－1 复合管的组合方式

（a）NPN 管；（b）PNP 管；（c）PNP 管；（d）NPN 管

其次，从图 4.4－1 可见，复合管的类型与第一个晶体管的型号相同。但复合管在组合时一定要保证两管联通处的电流方向相同，否则就不能组成复合管。

2. 复合管组成的电路

图 4.4－2、图 4.4－3 为复合管组成的互补对称电路和准互补对称电路。

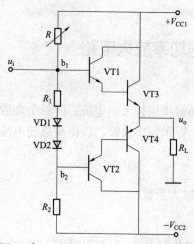

图 4.4－2 由复合管组成互补对称电路

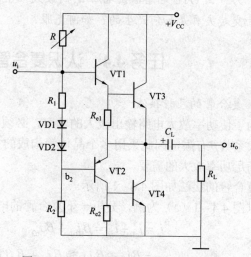

图 4.4－3 由复合管组成准互补对称电路

# 任务 4.5  集成功率放大器的使用

随着线性集成电路的发展，集成功率放大器的应用日益广泛。OTL、OCL 等电路，均有各种不同输出功率和不同电压增益的多种型号的集成电路。下面以低频功放为例，讲述集成功放的主要性能指标和典型应用。

## 4.5.1  集成功率放大电路的主要性能指标

集成功率放大电路的性能指标是应用集成功放给电流。集成功率放大电路的主要性能指标有最大输出功率、电源电压范围、静态电源供给电流、电压增益、频带宽度、输入阻抗、总谐波失真等。几种典型产品的性能指标见表 4.5 – 1。

表 4.5 – 1                             典型集成功放的主要参数

| 型号 | LM386—4 | LM2877 | TDA1514 | LA4100 |
|---|---|---|---|---|
| 电路类型 | OTL | OTL（双通道） | OCL | OTL |
| 电源电压/V | 5.0～18 | 6.0～24 | $\pm10\sim\pm30$ | 3.0～9.0 |
| 静态电流/mA | 4 | 25 | 56 | 15 |
| 输入阻抗/Ω | 50 | | 1000 | 20 |
| 输出功率/W | 1.0 | 4.5 | 48 | 1.0 |
| 电压增益/dB | 26～46 | 70 | 89 | 70 |
| 频率宽度/kHz | 300 | | 25 | |
| 总谐波失真 | 0.2% | 0.07% | ≤0.08% | 0.5% |

表 4.5 – 1 中所示电压增益均为在信号频率为 1kHz 条件下测试所得。对于同一负载，当电源电压不同时，最大输出功率的数值不同。当然，对同一电源电压，当负载不同时，最大输出功率的数值也不同。应当指出表 4.5 – 1 中所示数据均为典型数据，使用时应进一步查阅手册，以便获得更确切的数据。

## 4.5.2  集成功率放大电路的应用

1. LM386 集成功放

LM 386 集成功放由美国国家半导体公司生产，是一种低电压通用型音频集成功率放大器，其内部电路为 OTL 电路，广泛应用于收音机、对讲机和信号发生器中；图 4.5 – 1 是 LM 386 的外形与管脚图，它采用 8 脚双列直插式塑料封装。

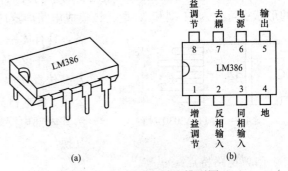

图 4.5 – 1  外形与管脚排列图

（a）外形图；（b）管脚排列图

2. LM386 应用

（1）LM386 组成功放电路电压放大倍数估算。

引脚1、8脚间开路，$A_u = 20$；当引脚1、8之间对交流信号相当于短路时，$A_u = 200$。

引脚1、8脚间外接电阻$R$，单位为$\Omega$，则电压增益由下式估算

$$A_{uf} = \frac{30\,000}{150 + 1350 /\!/ R} \tag{4.5-1}$$

所以，当1、8脚外接不同阻值电阻时，$A_u$的调节范围为20~200（26~46dB）。

（2）LM386组成的OTL功放电路。用LM 386组成的OTL功放电路如图4.5-2所示，信号从引脚3同相输入端输入，从引脚5经耦合电容$C_4$（220μF）输出。$R_1$用于调节输入电压。

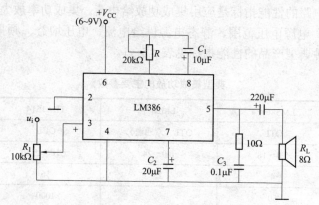

图 4.5-2　LM386 应用电路

图4.5-2中，引脚7所接容量为20μF的电容$C_2$为去耦滤波电容。引脚1与引脚8所接电容$C_1$、电阻$R$用于调节电路的闭环电压增益，电容取值为10μF，电阻$R$在0~20kΩ范围内取值。改变电阻值，可使集成功放的电压放大倍数在20~200之间变化。$R$值越小，电压增益越大。当需要高增益时，可取$R = 0$，只将一只10μF电容接在引脚1与引脚8之间即可。输出引脚5所接电阻$R_3$和电容$C_3$，用来改善音质，同时防止电路自激，有时也可省去不用。该电路如用作收音机的功放电路，输入端接收音机检波电路的输出端即可。

**3. TDA2030集成电路**

音频功放电路TDA2030，采用5脚单列直插式塑料封装结构，如图4.5-3所示，按引脚的形状引可分为H型和V型。该集成电路广泛应用于汽车立体声收录音机、中功率音响设

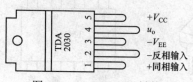

图 4.5-3　TDA2030 封装

备，具有体积小、输出功率大、谐波失真和交越失真小等特点。并设有短路和过热保护电路等，多用于高级收录机及高传真立体声扩音装置。意大利SGS公司、美国RCA公司、日本日立公司、NEC公司等均有同类产品生产，虽然其内部电路略有差异，但引脚位置及功能均相同，可以互换。

（1）电路特点：

1）外接元件非常少。

2）输出功率大，$P_o = 18W$（$R_L = 4\Omega$）。

3）采用超小型封装（TO-220），可提高组装密度。

4）开机冲击极小。

5）内含各种保护电路，因此工作安全可靠。主要保护电路有短路、过热、地线偶然开路、电源极性反接（$V_{smax}=12V$）、负载泄放电压反冲等。

（2）极限参数：

TDA2030 极限参数见表 4.5-2。

表 4.5-2                       **TDA2030 极限参数**（$T_A=25℃$）

| 参数名称 | 符号 | 参数值 | 单位 |
|---|---|---|---|
| 电源电压 | $V_{CC}$ | ±18 | V |
| 输入电压 | $U_t$ | ±18 | V |
| 差分输入电压 | $U_i$ | ±15 | V |
| 输出峰值电流 | $I_O$ | 3.5 | A |
| 功耗 | $P_D$ | 20 | W |
| 结温 | $T_i$ | −40～+150 | ℃ |
| 工作环境温度 | $T_{opt}$ | −30～+75 | ℃ |
| 储存温度 | $T_{stg}$ | −40～+150 | ℃ |

（3）封装形式：

TDA2030 为 5 脚单列直插式，如图 4.5-3 所示。

（4）电气参数：

TDA2030 电气参数见表 4.5-3。

表 4.5-3                     **TDA2030 电气参数**（$V_{CC}=±14V$，$T_A=25℃$）

| 参数名称 | 符号 | 测试条件 | 最小值 | 典型值 | 最大值 | 单位 |
|---|---|---|---|---|---|---|
| 电源电压范围 | $V_{CC}$ | | ±6 | | ±18 | V |
| 静态电源电流 | $I_{CCQ}$ | $V_{CC}=±18V$ | | 40 | 60 | mA |
| 电源电流 | $I_{CC}$ | $P_o=14W$，$R_L=4Ω$<br>$P_o=9W$，$R_L=8Ω$ | | 900<br>500 | | mA |
| 输入偏置电流 | $I_B$ | $V_{CC}=±18V$ | | 0.2 | 2 | mA |
| 输入失调电压 | $U_{IO}$ | $V_{CC}=±18V$ | | ±2 | ±20 | mV |
| 输入失调电流 | $I_{IO}$ | $V_{CC}=±18V$ | | ±20 | ±200 | mA |

## 4. TDA2030 典型应用电路

TDA2030 可采用双电源供电和单电源供电两种电路工作方式，具体应用电路图如图 4.5-4 所示，图 4.5-4（b）中各元器件作用见表 4.5-4。

该电路组成电压串联负反馈电路，电路闭环增益

$$A_u=(R_2+R_3)/R_2 \qquad\qquad (4.5-2)$$

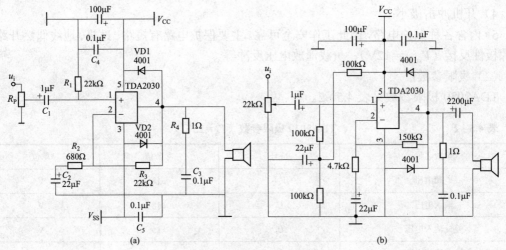

图 4.5 – 4　TDA2030 应用电路

（a）双电源供电；（b）单电源供电

表 4.5 – 4　　　　　　　　　　各 元 器 件 的 作 用

| 元器件 | 推荐值 | 作　　用 | 比推荐值大时对电路的影响 | 比推荐值小时对电路的影响 |
|---|---|---|---|---|
| $R_1$ | 150kΩ | 闭环增益设置 | 增大增益 | 减小增益 |
| $R_2$ | 4.7kΩ | 闭环增益设 | 减小增益 | 增大增益 |
| $R_3$ | 100kΩ | 同相输入偏置 | 增大输入阻抗 | 减小输入阻抗 |
| $R_4$ | 1Ω | 移相，稳定频率 | 感性负载有振荡危险 | |
| $R_5$、$R_6$ | 均 100kΩ | 同相输入端偏置 | | 电源消耗增大 |
| $C_1$ | 1μF | 输入隔直 | | 提高低频截止频率 |
| $C_2$ | 22μF | 反相隔直 | | 提高低频截止频率 |
| $C_5$ | 100μF | 低频退耦 | | 有振荡的危险 |
| $C_3$ | 100nF | 高频退耦 | | 有振荡的危险 |
| $C_6$ | 2200μF | 输出隔直 | | 提高低频截止频率 |
| $C_7$ | 220nF | 移相、稳定频率 | | 有振荡的危险 |
| VD1、VD2 | | 输出电压正负限幅保护 | | |

### 5. TDA2030 使用注意事项

（1）TDA2030 具有负载泄放电压反冲保护电路，如果电源电压峰值电压 40V 的话，那么在 5 脚与电源之间必须插入 $LC$ 滤波器，以保证 5 脚上的脉冲串维持在规定的幅度内。

（2）热保护：限热保护有以下优点，能够容易承受输出的过载（甚至是长时间的），或者环境温度超过时均起保护作用。

（3）与普通电路相比较，它有散热片可以有更大的安全系数。万一结温超过时，也不会对器件有所损害，如果发生这种情况，$P_o$ 和 $I_o$ 就被减少。

（4）印制电路板设计时必须较好的考虑地线与输出的去耦，因为这些线路有大的电流通过。

（5）装配时散热片与管壳之间不需要绝缘，引线长度应尽可能短，焊接温度不得超过 260℃，12s。

（6）虽然 TDA2030 所需的元件很少，但所选的元件必须是品质有保障的元件。

📖 **思考与练习**

TDA2030 引脚 2 和 4 之间外接 $RC$ 串联电路起什么作用？若引脚 2 和 4 之间开路，TDA2030 组成成功放电路能否正常工作？为什么？

# 任务 4.6　LM386 集成功放电路的安装与调试

**1. 实训目的**

（1）掌握集成功率放大器外围电路元件参数的选择和集成功率放大器的使用方法。

（2）掌握功率放大电路的调整和指标测试。

（3）认识 OTL 功率放大电路的工作特点。

**2. 实训设备及器件**

（1）实训设备：直流稳压电源 1 台，双踪示波器 1 台，函数信号发生器 1 台，万用表 1 只，面包板或万能印制电路板 1 块。

（2）实训器件：LM386、电阻、电容、电位器。

**3. 实训内容及说明**

LM386 有 8 个引脚，引脚功能如图 4.6－1 所示，其中引脚 2 与 3 分别为反向输入端和同向输入端。引脚 1 与 8 为增益控制端，如果 1，8 两端开路，功率放大电路的电压增益约为 20 倍。如果 1、8 两端之间仅接一个大电容，则相当于交流短路，此时电压增益约为 200 倍。而 1、8 两端之间接入不同阻值的电阻，即可得到 20～200 之间的电压增益，但接入电阻时必须与一个大电容串联，即 1、8 两端之间接入的原件不能改变放大电路的直流通路。

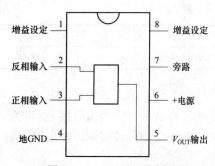

图 4.6－1　LM386 引脚图

LM386 集成功放电路如图 4.6－2 所示，引脚 2 接地，信号从同相输入端引脚 3 输入，引脚 5 通过 220μF 电容向负载提供信号功率，引脚 7 接 10μF 的电容，引脚 6 接电源。

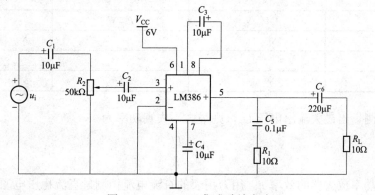

图 4.6－2　LM386 集成功放电路

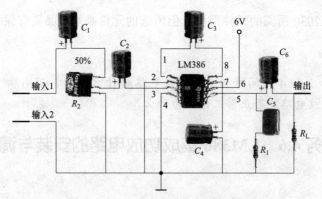

图 4.6 − 3　LM386 集成功放电路实物图

**4. 实训内容及其步骤**

（1）按图 4.6 − 3 实物图安装实验电路，负载 $R_L = 10\Omega$。检查无误后，才可接入直流稳压电源，进行测试。

（2）用万用表测量 LM386 各引脚对地的直流电压。检查输出端电压是否符合正常要求，将测量结果填入表 4.6 − 1 中。

表 4.6 − 1　　　　　　　　　　　　　　　LM386 各引脚的直流电压

| 引脚 | 1 | 2 | 3 | 4 | 5 | 6 | 7 | 8 |
|---|---|---|---|---|---|---|---|---|
| 直流电压 | | | | | | | | |

（3）测量最大不失真功率 $P_{om}$。在放大器的输入端接入频率为 400Hz 的正弦信号，$u_i$ 置最小；在放大器的输出端接上示波器和晶体管毫伏表，逐渐加大 $u_i$，使示波器显示出最大不失真波形，用示波器测出输出电压幅值 $U_{om}$，将数据填入表 4.6 − 2 中。则最大不失真功率为

$$p_{om} = \frac{U_{om}^2}{2R_L}$$

表 4.6 − 2　　　　　　　　　　　　　测　试　数　据

| 实 测 | | 实 测 | 计 算 |
|---|---|---|---|
| $u_i$/mV | $U_{om}$/V | $P_{om}$/W | $P_{om}$/W |
| | | | |
| | | | |
| | | | |

用毫伏表测量出最大输出电压 $U_o$，则最大不失真功率为

$$P_{om} = \frac{U_o^2}{R_L}$$

（4）测量功率放大器的效率 $\eta$。用万用表的直流电流挡测量直流稳压电源的输出电流 $I$，稳压电源的输出功率为

$$P_E = IV_S$$

功率放大器的效率为

$$\eta = \frac{P_{om}}{P_E}$$

5. 实训报告

（1）整理测量数据，列出表格。

（2）将实验值与理论值加以比较，分析误差原因。

6. 巩固思考

（1）LM386 集成功率放大器在哪些设备中得到应用。

（2）在 1、8 管脚接再串入 1kΩ 电阻，重复上述过程，检测参数。

7. 考核评价

根据安装调试情况按表 3.7−3 所示任务评价标准，评定成绩。

## 单元小结

（1）功率放大电路的主要任务是不失真地放大信号功率。常用的功率放大电路按功放管的工作状态不同，分为甲类、乙类、甲乙类、丙类。

（2）OCL、OTL 两种类型的功放电路是目前广泛应用的功率放大电路，它们都是由对称的两个射极输出器组合而成，OCL 采用双电源工作，OTL 采用单电源工作，输出级两只功放管互补推挽工作。它们具有结构简单、体积小、效率高、频响好等优点。

（3）功放管工作在大电流下、高电压的状态下，为了保证功放管的安全，要求功放管的实际工作状态不能超过其极限参数值，为了帮助功放管散热，一般情况下必须为其安装散热片。

（4）集成功率放大器由于体积小、频响宽、使用方便而被广泛应用。在实际使用中应弄清其主要参数、管脚功能和接线图以及外围电路主要元件的作用，学会查阅有关手册和产品目录。

## 练习题

**一、填空题**

1. 乙类互补对称功放的效率比甲类功放高得多，其关键是_____。

2. 功放电路中功放管常处于极限工作状态，因此选择功放管时要特别注意_____、_____、_____三个参数。

*3. 设计一个输出功率为 20W 的扩音机电路，若用乙类 OCL 互补对称功放电路，则应选 $P_{cm}$ 至少为_____的功放管两只。

**二、判断题**

1. 乙类互补对称功放电路在输出功率最大时，管子的管耗最大。（　　）

2. 功放电路的效率是输出功率与输入功率之比。（　　）

3. 乙类互补对称功放电路在输入信号为零时，静态功耗几乎为零。（　　）

4 只有当两只晶体管的类型相同时才能组成复合管。（　　）

5. OCL 电路中输入信号越大，交越失真也越大。（　　）

6. 复合管的 $\beta$ 值近似等于组成它的各晶体管 $\beta$ 值的乘积。（　　）

7. 功率放大倍数 $A_p > 1$，即 $A_u$ 和 $A_i$ 都大于 1。（　　）

8. 功放电路与电压、电流放大电路都有功率放大作用。（　　）

9. 输出功率越大，功率放大电路的效率就越高。（　　）

10. 功放电路负载上获得的输出功率包括直流功率和交流功率两部分。（　　）

### 三、选择题

1. 功率放大器的输出功率大是（　　）。

    A. 电压放大倍数大或电流放大倍数大

    B. 输出电压高且输出电流大

    C. 输出电压变化幅值大且输出电流变化幅值大

2. 单电源（+12V）供电的 OTL 功放电路在静态时，输出耦合电容两端的直流电压为（　　）。

    A. 0V               B. +6V               C. +12V

3. 复合管的导电类型（NPN 或 PNP）与组成它的（　　）的类型相同。

    A. 最前面的管子    B. 最后面的管子    C. 不确定

4. 互补对称功放电路从放大作用来看，（　　）。

    A. 既有电压放大作用，又有电流放大作用

    B. 只有电流放大作用，没有电压放大作用

    C. 只有电压放大作用，没有电流放大作用

5. 甲乙类 OCL 电路可以克服乙类 OCL 电路产生的（　　）。

    A. 交越失真            B. 饱和失真            C. 截止失真

6. 功率放大电路的主要任务是（　　）。

    A. 提高放大电路的输入电阻         B. 放大电流信号

    C. 放大电压信号                D. 向负载高效率供给大功率信号

7. 由 3 个 $\beta$ 值相同的晶体管组成复合管，则该复合管的 $\beta$ 值近似为（　　）。

    A. $3\beta$          B. $\beta/3$          C. $\beta$               D. $\beta^3$

8. 图 4.6−2 所示 LM386 组成的功放电路，1、8 脚改用 50μF 电容器直接连接，则电路的电压放大倍数为（　　）。

    A. 200          B. 20            C. 46            D. 26

# 项目 5　振荡电路的安装与调试

📖 **学习目标**

（1）掌握正弦波振荡电路的组成框图及类型；理解自激振荡的条件。

（2）能识读 $LC$ 振荡器、$RC$ 桥式振荡器、石英晶体振荡器的电路图。

（3）会安装与调试 $RC$ 桥式音频信号发生器。

（4）能用示波器观测振荡波形，可用频率计测量振荡频率；能排除振荡器的常见故障。

正弦波振荡电路是用来产生一定频率和幅度的正弦交流信号的电子电路。它的频率范围可以从几赫兹到几百兆赫兹，输出功率可能从几毫瓦到几十千瓦。广泛用于各种电子电路中。在通信、广播系统中，用它来作高频信号源；电子测量仪器中的正弦小信号源，数字系统中的时钟信号源。另外，作为高频加热设备以及医用电疗仪器中的正弦交流能源。

$RC$ 振荡电路实物图如图 5.0-1 所示。

图 5.0-1　$RC$ 振荡电路实物图

# 任务 5.1　认 识 振 荡 电 路

## 5.1.1　产生正弦波振荡的条件

正弦波振荡器框图如图 5.1-1 所示。其中 A 是放大电路，F 是反馈网络。设放大器维持输出电压 $\dot{U}_0$，而所需输入电压为 $\dot{U}_{id}$，若通过反馈网络由 $\dot{U}_0$ 产生反馈电压 $\dot{U}_f$，当 $\dot{U}_f = \dot{U}_{id}$ 时，电路就能维持稳定的输出电压。因振荡器不需外加输入信号，

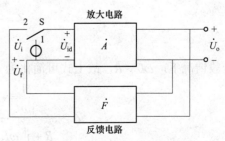

图 5.1-1　正弦波振荡电路的框图

也有稳定的输出信号，故又称自激振荡电路。

由图可知，产生振荡的基本条件是反馈信号与输入信号大小相等、相位相同。要使电路产生自激振荡要满足两个条件。

1. 振幅平衡条件

振荡电路产生自激振荡时满足振幅平衡条件

$$|\dot{A}\dot{F}| = 1 \qquad (5.1-1)$$

式中，$\dot{A}$ 为放大电路的放大倍数（相量）；$\dot{F}$ 反馈系数（相量）。

即放大倍数与反馈系数乘积的模为 1。它表示反馈信号 $\dot{U}_f$ 与原输入信号 $\dot{U}_i$ 的幅度相等。

2. 相位平衡条件

振荡电路产生自激振荡时满足相位平衡条件

$$\phi_a + \phi_f = 2n\pi \quad (n = 0, 1, 2, 3, \cdots) \qquad (5.1-2)$$

即放大电路的相移与反馈网络的相移之和为 $2n\pi$，引入的反馈为正反馈，反馈端信号与输入端信号同相。

### 5.1.2  振荡电路的组成

从以上分析可知，正弦波振荡电路具有能自行起振且输出稳定的振荡信号的特点，一般必须由以下几部分组成：

（1）放大电路。信号放大，以满足振幅平衡条件。

（2）反馈网络。形成正反馈以满足相位平衡条件。

（3）选频网络。选择某一频率 $f_0$ 的信号满足振荡条件，形成单一频率的振荡。

（4）稳幅电路使幅度稳定并改善输出波形。

# 任务 5.2  认识 LC 振荡电路

## 5.2.1  *LC* 并联回路的频率特性

*LC* 并联回路如图 5.2-1 所示。图中 $R$ 表示电感和电路其他损耗的总等效电阻，$\dot{I}_s$ 为幅值不变、频率可变的正弦波电流源信号。

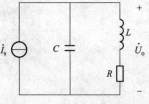

图 5.2-1  *LC* 并联回路

图 5.2-1 中 *LC* 并联回路总阻抗 $Z$ 为

$$Z = \frac{\dfrac{1}{j\omega C}(R + j\omega L)}{\dfrac{1}{j\omega C} + (R + j\omega L)}$$

一般情况下，$\omega L \gg R$，故上式可简化为

$$Z \approx \frac{\dfrac{1}{j\omega C} \cdot j\omega L}{R + j\left(\omega L - \dfrac{1}{\omega C}\right)} = \frac{\dfrac{L}{C}}{R + j\left(\omega L - \dfrac{1}{\omega C}\right)} \qquad (5.2-1)$$

当虚部为零时即 $\omega L = 1/(\omega C)$ 时，电路发生并联谐振，电路呈纯电阻性，令并联谐振角频率为 $\omega_0$，即

$$\omega_0 = \frac{1}{\sqrt{LC}}$$

谐振频率为

$$f_0 = \frac{1}{2\pi\sqrt{LC}} \tag{5.2-2}$$

## 5.2.2　变压器反馈式振荡电路

变压器反馈式 $LC$ 正弦波振荡器电路如图 5.2-2 所示。

1. 电路组成

（1）放大电路。图中由 VT 组成采用分压式偏置的共射电路，耦合电容 $C_b$ 和发射极旁路电容 $C_e$ 容量较大，在振荡频率上，交流阻抗小，可视短路。

（2）选频网络。选频网络由 $L_1$ 和 $C$ 构成。作为晶体管集电极负载。

（3）反馈网络。变压器二次侧绕组 $N_2$ 作为反馈绕组，将输出的一部分，经 $C_b$ 反馈到输入端。

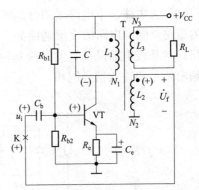

图 5.2-2　变压器反馈式 $LC$ 正弦波振荡器电路

变压器二次侧绕组 $N_3$ 接输出负载。

2. 电路能否振荡的判断

（1）相位起振条件判断。在反馈输入端 K 处断开，用瞬时极性法进行判断。设 VT 基极上的瞬时极性为正，则集电极为负，即 $L_1$ 的瞬时极性为上正下负。根据同名端的概念，$N_2$ 上端瞬时极性为正，反馈至 K 处的瞬时极性为正，为正反馈。满足振荡的相位起振条件。

（2）振幅起振条件的判断。本电路中，$N_1$、$N_2$ 同绕在一磁心上为紧耦合。放大电路为共射电路，放大倍数较大，实践中，只要设置合适的静态工作点，增减 $N_2$ 的匝数或改变同一磁棒上 $N_1$、$N_2$ 的相对位置调节反馈系数的大小，使反馈量合适，即可满足起振条件。

**想一想**

变压器反馈式 $LC$ 振荡电路变压器 T 中 $L_1$ 同名端接反了，能否产生自激振荡？为什么？

3. 振荡频率 $f_0$ 的估算

振荡器的振荡频率网络的固有谐振频率。振荡频率可用下式计算

$$f_0 = \frac{1}{2\pi\sqrt{LC}} \qquad\qquad (5.2-3)$$

式中，$L$ 为谐振回路总电感量；$C$ 为谐振回路总电容量。

变压器耦合 $LC$ 振荡电路易于起振，采用可变电容器可使输出正弦波信号的频率连续可调。缺点是振荡频率不太高，通常为几兆赫兹至十几兆赫兹。

### 5.2.3 电感三点式振荡电路

电感三点式振荡电路因回路电感的三个引出端分别接晶体管的三个电极而得名，它又称哈脱莱振荡电路，电路如图 5.2-3（a）所示。

1. 电路组成

（1）放大电路。本电路采用分压式偏置，$C_b$ 为基极旁路电容，由于容量足够大，对交流可视为短路。画出电路的交流通路如 5.2-3（b）所示。基极是交流接地端，所以是共基极放大电路。共基极电路晶体管的基极是输入、输出的公共端，信号从发射极输入，从集电极输出。输出信号和输入信号同相。

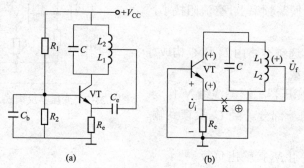

图 5.2-3 电感三点式振荡电路

（a）电路图；（b）交流通路

（2）选频网络。选频网络由 $L_1$、$L_2$ 和 $C$ 并联而成。

（3）反馈网络。$L_2$ 上的反馈电压 $\dot{U}_f$ 经 $C_e$ 送至晶体管的输入端发射极。

2. 电路能否振荡的判断

在图 5.2-3（b）中，断开反馈输入端 K，设晶体管输入端发射极的输入信号 $\dot{U}_i$ 对地瞬时极性为正，共基放大电路集电极电压与发射极同相，瞬时极性也为正，电感 $L_2$ 的反馈信号 $\dot{U}_f$ 对地瞬时极性也为正，即 $\dot{U}_f$ 与 $\dot{U}_i$ 同相，满足相位平衡条件。

电感三点式振荡电路，由于电感 $L_1$、$L_2$ 是同一电感线圈中间抽头组成的，耦合紧密，易于起振。

3. 谐振频率 $f_0$ 估算

电感三点式振荡电路的振荡频率近似等于 $LC$ 并联回路的谐振频率，即

$$f_0 \approx \frac{1}{2\pi\sqrt{LC}} = \frac{1}{2\pi\sqrt{(L_1 + L_2 + 2M)C}} \qquad (5.2-4)$$

式中，$M$ 是电感 $L_1$ 与 $L_2$ 间的互感。

电感三点式 $LC$ 振荡电路简单，易于起振，但由于反馈信号取自感 $L_1$，电感对高次谐波的感抗大，因而输出振荡电压的谐波分量增大，波形较差。常用于对波形要求不高的设备中，其振荡频率通常在几十兆赫兹以下。

### 5.2.4  电容三点式振荡电路

电容三点式振荡电路因回路电容的三个引出端分别接晶体管的三个电极而得名，又称考毕兹电路，电原理图如图 5.2 – 4（a）所示。晶体管 VT 接成共射电路，$C_b$ 为耦合电容，$C_e$ 为旁路电容。该电路的交流通路如图 5.2 – 4（b）所示。用瞬时极性法在图 5.2 – 4（b）中标出各点瞬时极性，由图可知，反馈信号 $\dot{U}_f$ 与输入端信号 $\dot{U}_i$ 同相，满足相位平衡条件。

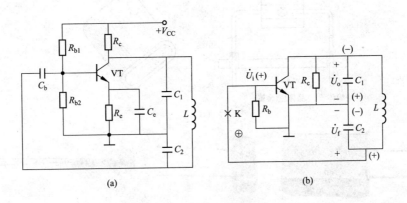

图 5.2 – 4  电容三点式振荡电路

（a）电原理图；（b）交流通路

该电路的振荡频率为

$$f_0 = \frac{1}{2\pi\sqrt{LC}} = \frac{1}{2\pi\sqrt{L\dfrac{C_1 C_2}{C_1 + C_2}}} \tag{5.2 – 5}$$

电容三点式 $LC$ 振荡电路的反馈电压为电容器 $C_2$ 的两端电压，反馈电压中的高次谐波分量小，输出波形较好。但晶体管的极间电容 $C_{bc}$、$C_{ce}$ 与 $C_2$、$C_1$ 并联，极间电容随温度变化，影响振荡频率的稳定性。该电路的振荡频率可达 100MHz 以上。

## 任务 5.3  认识石英晶体振荡电路

随着电子技术的发展，对振荡器的频率准确度和稳定度的要求越来越高。$LC$ 振荡因 $LC$ 回路的 $Q$ 值不高（仅在 200 以下），频率的稳定度很难突破 $10^{-5}$ 数量级，而用石英晶体作为振荡回路，组成晶体振荡器的 $Q$ 值高达 $10^4$ 以上，可将频率稳定度提高几个数量级，最高稳定度可达 $10^{-10}$ 数量级。它在各类电子设备中得到广泛应用。

### 5.3.1 石英晶体谐振器

**1. 石英晶体结构**

石英晶体是从石英晶体柱上按一定方位角切割下来的薄片（称之为晶片，可为圆形、正方形或矩形等），在表面上涂敷上银层作为电极，加上引线后封装而成。它的外壳可为金属，也可为玻璃，其结构示意图如图 5.3-1 所示。

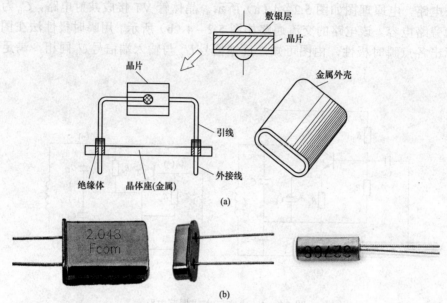

图 5.3-1　某一石英晶体结构示意图、实物图

（a）结构示意图；（b）实物图

**2. 晶体的压电效应**

当在晶片上施加外力，使之产生机械形变，则会在两电极上产生极性相反、数值相等的电荷；反之，若在两极间施加电压，晶片会产生由电压极性决定的机械形变，这种现象称之为压电效应。

当晶体两电极施加交变电压（电场）时，晶片产生机械振动。同时，机械振动又会使晶片产生交变电压（电场），影响流过晶片的交变电流。如果改变交变电压频率，晶片的振动幅度和流过晶片回路的交变电流都会随之改变。当外加交变电压的频率与晶片的固有振动频率（由晶片尺寸决定）相等时，晶片机械振动的幅度将急剧增加，振动最强，通过晶体交变电流最大，这时称之为压电谐振，因此石英晶体又称之为石英谐振器。

将石英谐振器接到振荡电路的闭合环路中，利用它的固有振动频率，就能有效地控制和稳定振荡频率。它的频率稳定度可达 $10^{-6}$ 或更高数量级。

**3. 石英谐振器电路符号及其性能参数**

石英谐振器电路符号如图 5.3-2（a）所示。它的基频等效电路如图 5.3-2（b）所示。图中 $C_0$ 表示石英晶片的静态电容和支架、引线等分布电容之和，$L_q$ 用来模拟晶片振动时的惯性，$C_q$ 模拟晶片的弹性，晶片振动时的摩擦损耗用电阻 $r_q$ 来等效。

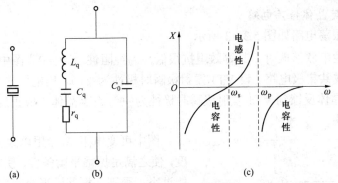

图 5.3－2 石英谐振器的符号、等效电路及其电抗频率特性

（a）电路符号；（b）基频等效电路；（c）电抗频率特性

石英谐振器具有很大的 $L_q$（几十毫亨），很小的 $C_q$（$10^{-2}$pF 以下）和很高的品质因数 $Q_q$（$10^5$ 以上），且它们的数值极其稳定。另外 $C_0$ 远大于 $C_q$，因而接成晶体振荡电路时，外电路对晶体电特性的影响显著减小，使之频率稳定度提高，其原理与克拉波电路中利用 $C_1$、$C_2$ 远大于 $C_3$ 来减小晶体管结电容对回路谐振频率的影响相同。

若忽略 $r_q$ 的影响，即 $r_q = 0$，则晶体呈现纯电抗，它的电抗频率特性如图 5.3－2（c）所示。当角频率在 $\omega_s \sim \omega_p$ 频率范围内，电抗为正值，呈电感性，而在其他频段内电抗为负值，呈容性。

由图 5.3－2（c）可见，石英谐振器有两个谐振角频率。

（1）串联谐振角频率 $\omega_s$。当 $L$、$C$、$R$ 支路发生串联谐振时，$X_{Lq} = X_{Cq}$，$X = 0$，串联谐振角频率为

$$\omega_s \approx \frac{1}{\sqrt{L_q C_q}} \tag{5.3－1}$$

此时，与 $L_q$、$C_q$、$r_q$ 支路并联的静态电容 $C_0$，其容抗很大，其影响可忽略不计。

（2）并联谐振角频率。当频率高于 $\omega_s$ 时，晶体 $L_q$、$C_q$ 串联支路呈电感性，电路发生并联谐振，并联谐振的角频率为

$$\omega_p = \frac{1}{\sqrt{L_q \dfrac{C_q C_0}{C_q + C_0}}} = \omega_s \sqrt{1 + \frac{C_q}{C_0}} \tag{5.3－2}$$

## 5.3.2 石英晶体振荡电路

根据石英晶体在振荡电路中的作用不同，晶体振荡电路可分为并联型晶体振荡电路和串联型晶体振荡电路。使晶体工作在略高于 $f_s$ 呈感性的频段内，用来代替三点式电路中的回路电感，相应构成的振荡电路称为并联型晶体振荡电路。使晶体工作在 $f_s$ 上，等效为串联谐振电路，用作高选择性的短路元件，相应构成的振荡电路称为串联型晶体振荡电路。晶体只能工作在上述两种方式，决不能工作在低于 $f_s$ 和高于 $f_p$ 呈容性的频段内，否则，频率稳定度将明显下降。

### 1. 串联型石英晶体振荡电路

串联型石英振荡电路如图 5.3-3 所示。

石英晶体产生串联谐振时，其等效阻抗很低，为纯阻性，$\varphi = 0$。图中 VT1 组成共基极放大器，VT2 组成共集极电路。设 VT1 发射极瞬时极性为（+），集电极亦为（+），VT2 发射极为（+），经石英晶体反馈到 VT1 发射极瞬时极性为（+），石英晶体构成正反馈电路，$\varphi_f = 0$，满足相位平衡条件。

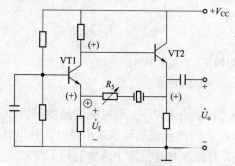

图 5.3-3　串联型石英晶体振荡电路

图中可变电阻 $R_5$，用以改变正反馈信号的幅度，使之满足振幅平衡条件，使电路起振。$R_5$ 也不能过小，否则，振荡波形会产生失真。

### 2. 并联型石英晶体振荡电路

目前应用最广的并联型晶体振荡器是类似电容三点式的皮尔斯电路，如图 5.3-4（a）所示。图中晶体管接成共基极电路，$R_{b1}$、$R_{b2}$、$R_e$ 构成分压式偏置电路，以稳定直流工作点，$C_b$ 为旁路电容，$C_c$ 为耦合电容。$L_c$ 为高频扼流圈。

图 5.3-4（a）中 $C_1$、$C_2$ 串接后与石英晶体并联，为晶体的负载电容。如 $C_1$、$C_2$ 的等效电容值等于晶体规定的负载电容值，那么振荡电路的振荡频率就是晶体的标称频率。但实际上，由于生产工艺的不一致性及石英晶体老化等原因，振荡器的频率往往与标称频率略有偏差。在工程实践中，采用微调电容用来改变振荡频率，以满足振荡频率准确度很高的场合的需要，如精密测量、测频装置等。采用微调电容晶体振荡电路如图 5.3-4（b）所示。

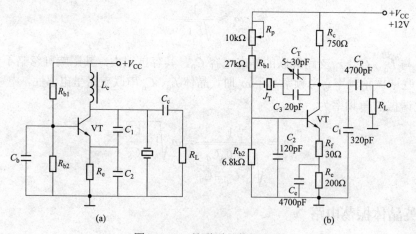

图 5.3-4　并联型晶体振电路
（a）皮尔斯晶体振荡电路；（b）采用微调电容晶体振荡电路

图 5.3-4（b）中，$C_T$ 为微调电容，用来改变并接在晶体上的负载电容，从而改变振荡器的振荡频率。$C_T$ 和 $C_3$ 并联与石英晶体串接，以减弱振荡管与晶体的耦合，从而进一步减小晶体管参量变化对回路的影响。需指出的是，$C_T$ 的频率调节范围是很小的。在实际电路中，除采用微调电容外，还可采用微调电感或同时采用微调电容和微调电感。

在频率稳定度要求很高的场合，为克服温度变化对频率的影响，将晶体或整个振荡器设置于恒温槽内。采用恒温措施可将频率稳定度提高到 $10^{-10}$ 数量级。

在使用过程中，石英晶体的激励功率不能过大，否则会使频率稳定性、老化特性、寄生频率特性等变差，甚至可能使晶片振毁。

# 任务 5.4 *RC* 桥式正弦波振荡电路的安装与调试

## 5.4.1 文氏桥式 *RC* 正弦波振荡电路

### 1. 电路组成

*RC* 串并联正弦波振荡电路如图 5.4–1（a）所示。图中集成运放 A 构成同相比例放大电路，$R_f$、$R_3$ 构成负反馈网络。正反馈网络（兼选频网络）由 *RC* 串并联网络组成，因它与 $R_f$、$R_3$ 构成电桥形式，如图 5.4–1（b）所示，故称文氏桥式 *RC* 振荡电路。

在集成运放同相输入端与选频网络连线 K 处断开，设同相输入端的瞬时极性为（+），则输出端为（+），在 K 处瞬时极性为（+），*RC* 串并联网络构成正反馈电路，满足相位平衡条件。$R_f$、$R_3$ 将运放接成同相比例放大电路即电压串联负反馈电路，以满足振幅平衡条件。

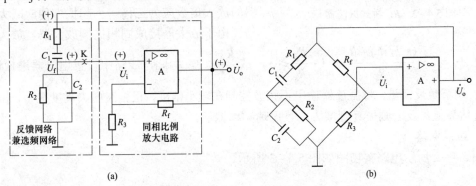

图 5.4–1 *RC* 文氏桥式振荡器

（a）电原理图；（b）等效电路

### 2. 振荡频率计算

当 $R_1 = R_2 = R$，$C_1 = C_2 = C$ 时，*RC* 串并联正弦波振荡电路的振荡频率为

$$f_0 = \frac{1}{2\pi RC} \tag{5.4-1}$$

可见，改变 R、C 的参数值，就可调节振荡频率。为了同时改变图 5.4–1 中的 $R_1$、$R_2$ 值或 $C_1$、$C_2$ 值，一般采用双联电位器或双联电容器来实现。

### 3. 起振条件

当 $f = f_0$、$\dot{F} = |\dot{F}| = 1/3$，根据起振条件 $|\dot{A}\dot{F}| > 1$，要求图 5.2–1（a）所示 $R_f$、$R_3$ 构成电压串联负反馈电路的电压放大倍数 $A_{uf} = (1 + R_f/R_3) > 3$，说明同相比例放大电路的增益只要大于 3，就能满足振幅条件。电路的起振条件为

$$R_f > 2R_3 \tag{5.4-2}$$

即 $R_f > 2R_3$ 就能顺利起振。

### 5.4.2　可燃气体报警器中 *RC* 振荡电路的安装与调试

**1. 设备及器件**

（1）设备：直流稳压电源 1 台，双踪示波器 1 台，函数信号发生器 1 台，万用表 1 只，面包板或万能印制电路板 1 块。

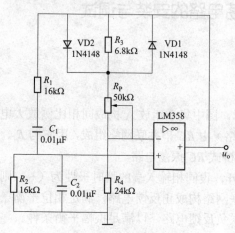

图 5.4－2　*RC* 桥式振荡器

（2）器件：集成电路 LM358、电阻、电容、电位器。集成运放 LM358 引脚排列及功能参阅图 3.7－2。

**2. 电路分析**

*RC* 桥式振荡器的实用电路如图 5.4－2 所示，该电路由三部分组成：作为基本放大器的运放；具有选频功能的正反馈网络；具有稳幅功能的负反馈网络。它比可燃气体报警器的报警电路多了两个稳幅用的二极管 VD1、VD2。

对于带稳幅环节的负反馈支路，为满足幅值平衡条件，这样与负反馈网络组成的负反馈放大器的放大倍数应为三倍。为起振方便应略大于三倍。由于放大器接成同相比例放大器，放大倍数需满足 $\dot{A}_{uf}=1+\dfrac{(r_d//R_3)+R_p}{R_4}\approx 1+\dfrac{R_p}{R_4}\geqslant 3$，故 $\dfrac{R_p}{R_4}\geqslant 2$。为此，线路中设置电位器进行调节。

通过 $R_p$ 调节负反馈量，将振荡器输出正弦波控制在较小幅度，正弦波的失真度很小，振荡频率接近估算值；反之则失真度增大，且振荡频率偏低。

**3. 组装电路**

图 5.4－2 所示电路实物图如图 5.4－3 所示。

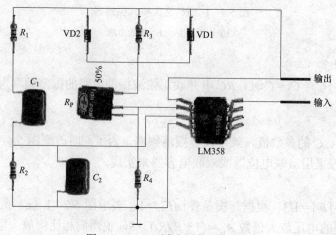

图 5.4－3　*RC* 桥式振荡器实物图

元器件清单见表 5.4－1。

表 5.4 - 1　　　　　　　　　　　元 器 件 清 单

| 标注 | 名称 | 型号规格 | 标注 | 名称 | 型号规格 |
|------|------|---------|------|------|---------|
| $R_1$ | 电阻 | RJ14　16 kΩ/0.125W | $C_1$ | 瓷片电容 | 0.01μF |
| $R_2$ | 电阻 | RJ14　16 kΩ/0.125W | $C_2$ | 瓷片电容 | 0.01μF |
| $R_3$ | 电阻 | RJ14　6.8 kΩ/0.125W | VD1 | 二极管 | 1N4148 |
| $R_4$ | 电阻 | RJ14　24 kΩ/0.125W | VD2 | 二极管 | 1N4148 |
| $R_P$ | 电位器 | 3296W　50kΩ | IC1 | 集成运放 | LM741 |

按照图 5.4 - 2 在万能印制电路板上安装 $RC$ 桥式振荡器电路，将各元器件全部焊接好。

参考印制电路板图如图 5.4 - 4 所示，PCB 板尺寸大小为 4.5cm×7.5cm。参考装配图如图 5.4 - 5 所示。实物照片如图 5.0 - 1 所示。

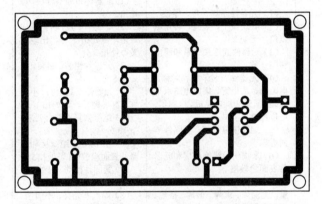

图 5.4 - 4　参考印制电路板图

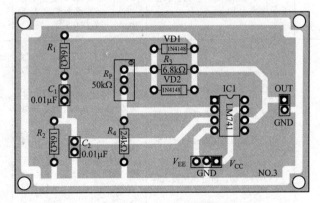

图 5.4 - 5　参考装配图

### 4. 测量振荡频率 $f_0$

（1）用示波器测取 $f_0$。用示波器内的光标测量功能读出 $T$，计算获得 $f_0$。

（2）用函数信号发生器的频率计功能测量振荡频率 $f_0$。振荡电路的输出电压与函数信号发生器的"计数器输入"端连接，按下函数信号发生器的"外测频率"各相关控制键后，在函数信号发生器的 5 位 LED 显示器上显示被测信号的频率 $f_0$。

（3）把 $R_2$ 为 5.1kΩ 电阻换成 20kΩ 电阻，调节 $R_W$，观察稳幅效果；去掉两个二极管，接回 5.1kΩ 电阻，再细调电位器 $R_p$，观察输出波形的稳幅情况。

5. 考核评价

根据安装调试情况按表 5.4-2 所列任务评价标准，评定成绩。

表 5.4-2 　　　　　　　　　　　　　　任 务 评 价 标 准

| 考核项目 | 配分 | 工 艺 标 准 | 评 分 标 准 | 扣分记录 | 得分 |
|---|---|---|---|---|---|
| 观察识别能力 | 10分 | 能正确识读元器件标志符号，判别元器件引脚、极性 | （1）识读元器件标志符号错误，每处扣 0.5 分<br>（2）元器件引脚、极性判别错误，每处扣 0.5 分 | | |
| 电路组装能力 | 40分 | （1）元器件布局合理、紧凑<br>（2）导线横平、竖直，转角成直角，无交叉<br>（3）元器件间连接关系和原电路图一致<br>（4）元器件安装平整、对称，电阻器、二极管、集成电路水平安装，紧贴印制电路板，电容器、电位器立式安装<br>（5）绝缘恢复良好，紧固件牢固可靠<br>（6）未损伤导线绝缘层和元器件表面涂敷层<br>（7）焊点光亮、清洁、焊料适量，无漏焊、虚焊、假焊、搭焊、溅锡等现象<br>（8）焊接后元器件引脚剪脚留头长度小于 1mm | （1）元器件布局不合理，每处扣 5 分<br>（2）导线不平直，转角不成直角，每处扣 2 分，出现交叉每处扣 5 分<br>（3）元器件错装、漏装，每处扣 5 分<br>（4）元器件安装歪斜、不对称，高度超差，每处扣 1 分<br>（5）绝缘恢复不符合要求，扣 10 分<br>（6）损伤导线绝缘层和元器件表面涂敷层，每处扣 5 分<br>（7）紧固件松动，每处扣 2 分<br>（8）焊点不光亮、不清洁、焊料不适量，漏焊、虚焊、假焊、搭焊、溅锡，每处扣 1 分<br>（9）剪脚留头长度大于 1mm，每处扣 0.5 分 | | |
| 仪表使用能力和调试能力 | 40分 | （1）能对任务所需仪器仪表进行使用前检查与校正<br>（2）能根据任务采用正确的测试方法与工艺，正确使用仪器仪表<br>（3）测试结果正确合理，数据整理规范正确<br>（4）确保仪器仪表完好无损<br>（5）经检验，符合调试要求 | （1）不能对任务所需仪器仪表进行使用前检查与校正，每处扣 5 分<br>（2）不能根据任务采用正确的测试方法与工艺，每处扣 5 分<br>（3）测试结果不正确、不合理，每处扣 5 分<br>（4）数据整理不规范、不正确，每处扣 5 分<br>（5）使用不当损坏仪器仪表，每处扣 10 分 | | |
| 安全文明产生 | 10分 | 安全文明生产 | （1）违反安全操作规程，扣 10 分<br>（2）违反文明生产要求，扣 10 分 | | |
| 考评人 | | | 得分 | | |

## 📖 单元小结

（1）要使正弦波振荡电路产生振荡，既要使电路满足幅度平衡条件又要满足相位平衡条件。

（2）振荡电路一般由放大电路、反馈网络、选频网络和稳幅环节组成。改变选频网络的电参数，可以改变电路的振荡频率。

（3）$LC$ 振荡电路有变压器反馈式、电感三点式、电容三点式三种。电容三点式改进型电路频率稳定性高。它们的振荡频率 $f_0 \approx \dfrac{1}{2\pi RC}$，$f_0$ 越大，所需 $L$、$C$ 值越小，因此常用作几十千赫兹以上高频信号源。

（4）石英晶体振荡器是利用石英谐振器的压电效应来选频。它与 $LC$ 振荡电路相比，$Q$ 值要高得多，主要用于要求频率稳定度高的场合。

（5）$RC$ 振荡电路的振荡频率不高，通常在 1MHz 以下，用作低频和中频正弦波发生电路（1Hz～1MHz）。文氏桥式 $RC$ 振荡电路的振荡频率为 $f_0 = \dfrac{1}{2\pi RC}$，常用在频带较宽且要求连续可调的场合。

## 📖 练习题

### 一、判断题

1. 电路只要存在正反馈就一定产生正弦波振荡。（　　）

2. 振荡器与放大器主要区别之一是：放大器的输出信号与输入信号频率相同，而振荡器一般不需要输入信号。（　　）

3. 电路存在正反馈，不一定能产生自激振荡。（　　）

4. 电路只要存在负反馈，一定不能产生自激振荡。（　　）

5. 几种 $LC$ 振荡电路中要使频率稳定度高，应选用变压器反馈式电路。（　　）

6. 在 $RC$ 桥式振荡电路中，若 $RC$ 串并联选频网络中的电阻均为 $R$，电容均为 $C$，则其振荡频率 $f_0 = \dfrac{1}{RC}$。（　　）

### 二、选择题

1. 正弦波振荡电路是在（　　）条件下，产生一定频率、幅度的正弦波信号。

    A. 没有反馈信号　　　　　　　　　B. 没有外加信号

    C. 外加输入信号　　　　　　　　　D. 不加直流电源

2. 正弦波振荡器的振荡频率由（　　）决定。

    A. 基本放大器　　　B. 反馈网络　　　C. 选频网络

3. 石英晶体谐振于 $f_S$ 时，相当于回路呈现（　　）。

    A. 串联谐振　　　B. 并联谐振　　　C. 最大阻抗　　　D. 最高电压

4. 组成文氏 $RC$ 桥式振荡器的基本放大电路的放大倍数应为（　　）。

    A. $|\dot{A}| = 1$　　　　B. $|\dot{A}| \leqslant 3$　　　　C. $|\dot{A}| \geqslant 3$

### 三、解答题

1. 判断 5-1 图所示各电路能否产生振荡。

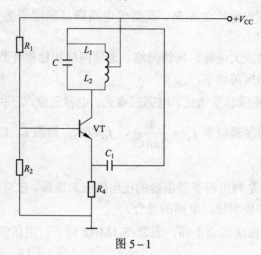

图 5-1

2. 文氏电桥正弦波振荡电路如图 5-2 所示,已知:$R=10\text{k}\Omega$,$R_1=10\text{k}\Omega$,$R_p=50\text{k}\Omega$,$C=0.01\mu\text{F}$,$A$ 为理想集成运放。

(1) 标出运放 $A$ 的输入端符号。

(2) 估算振荡频率 $f_0$。

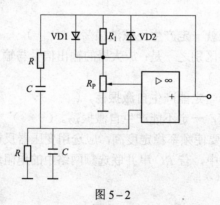

图 5-2

# 项目 6  晶闸管应用电路的安装与调试

## 学习目标

（1）了解晶闸管的基本结构、参数与工作特性。
（2）了解晶闸管的一般检测。
（3）熟悉晶闸管的应用方法。
（4）了解特殊晶闸管的应用。

## 任务 6.1  认识晶闸管

晶闸管是晶体闸流管（Thyristor）的简称，俗称可控硅，它是一种大功率开关型半导体器件，在电路中用文字符号为"V"、"VT"表示（旧标准中用字母"SCR"表示）。晶闸管具有硅整流器件的特性，能在高电压、大电流条件下工作，且其工作过程可以控制、被广泛应用于可控整流、交流调压、无触点电子开关、逆变及变频等电子电路中。图 6.1 – 1 为部分晶闸管的实物图。

优质单向晶闸管

bt169d系列单向晶闸管

单向晶闸管5000a

螺旋式晶闸管

双向晶闸管

图 6.1 – 1  晶闸管实物图

### 6.1.1  晶闸管的种类与外形封装

1. 晶闸管有多种分类方法

（1）按关断、导通及控制方式分类。晶闸管按其关断、导通及控制方式可分为普通晶闸管（SCR）、双向晶闸管（TRIAC）、逆导晶闸管（RCT）、门极关断晶闸管（GTO）、BTG 晶闸管、温控晶闸管（TT 国外，TTS 国内）和光控晶闸管（LTT）等多种。

（2）按引脚和极性分类。晶闸管按其引脚和极性可分为二极晶闸管、三极晶闸管和四极晶闸管。

（3）按封装形式分类。晶闸管按其封装形式可分为金属封装晶闸管、塑封晶闸管和陶瓷封装晶闸管三种类型。其中，金属封装晶闸管又分为螺栓形、平板形、圆壳形等多种；塑封晶闸管又分为带散热片型和不带散热片型两种。

（4）按电流容量分类。晶闸管按电流容量可分为大功率晶闸管、中功率晶闸管和小功率晶闸管三种。通常大功率晶闸管多采用金属壳封装，而中、小功率晶闸管则多采用塑封或陶瓷封装。

（5）按关断速度分类。晶闸管按其关断速度可分为普通晶闸管和快速晶闸管，快速晶闸管包括所有专为快速应用而设计的晶闸管，有常规的快速晶闸管和工作在更高频率的高频晶闸管，可分别应用于 400Hz 和 10kHz 以上的斩波或逆变电路中。（备注高频不能等同于快速晶闸管）

2. 普通晶闸管的外形、封装

晶闸管根据功率大小不同，具有各种不同封装形式如图 6.1-2 所示。

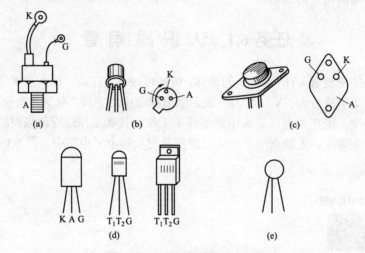

图 6.1-2　晶闸管的外形、封装

（a）螺栓式；（b）金属小圆壳；（c）金属封装；（d）塑装；（e）陶瓷封装

3. 普通晶闸管的型号

按国家标准 JB 1144—1975 规定，国产普通晶闸管型号中各部分的含义如下：

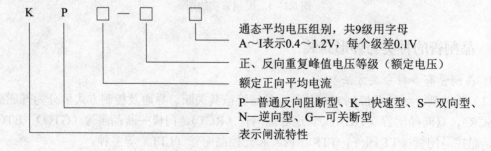

例如，KP100-12G 表示额定电流 100A，额定电压 1200V，管压降 1V 的普通晶闸管。

### 6.1.2　单向晶闸管的基本结构与工作特性

**1. 晶闸管的基本结构**

晶闸管是由 P 型和 N 型半导体交替叠加合成 P−N−P−N 四层而构成，中间形成三个 PN 结 J1、J2、J3，其内部结构及符号如图 6.1−3 所示，从 P1 层引出电极，称为阳极，用字母 A 表示；从 N2 层引出电极，称为阴极，用字母 K 表示；从 P2 层引出电极，称为控制极，用字母 G 表示。

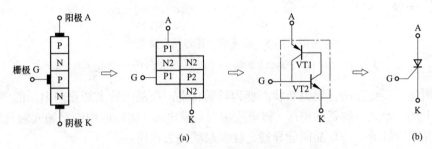

图 6.1−3　晶闸管内部结构及符号

（a）内部结构；（b）图形符号

**2. 晶闸管的工作特性**

晶闸管在工作过程中，它的阳极（A）和阴极（K）与电源和负载连接，组成晶闸管的主电路，晶闸管的门极 G 和阴极 K 与控制晶闸管的装置连接，形成晶闸管的控制电路。单向晶闸管的伏安特性如图 6.1−4 所示。它分为正向阻断特性、导通工作特性、反向阻断特性，通过图 6.1−5 的实验电路，可充分说明晶闸管的三个工作特性。

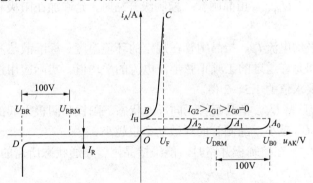

图 6.1−4　单向晶闸管的伏安特性

（1）晶闸管阳极 A 接直流电源的正极，阴极 K 经灯泡接直流电源的负极，此时晶闸管承受正向电压，开关 S 断开（G 极无电压），如图 6.1−5（a）所示，这时灯泡不亮，说明晶闸管不导通。

（2）在晶闸管加正向偏置电压的基础上，将开关 S 闭合，即给控制极 G 加一个幅度和宽度都足够大的正向电压，如图 6.1−5（b）所示，这时灯亮，说明晶闸管导通。

（3）晶闸管导通后，如果只去除控制极 G 上的电压，即再次将开关 S 断开，如图 6.1−5（c）所示，灯仍然亮，说明晶闸管仍导通，晶闸管一旦导通，控制极就失去作用。

（4）晶闸管阳 A 极接直流电源的负极，阴极 K 经灯泡接直流电源的正极，此时晶闸管承受反向电压，如图 6.1－5（d）所示，此时无论开关 S 是否合上，灯都不亮，说明晶闸管不导通。

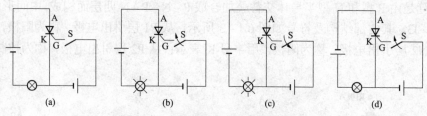

图 6.1－5　晶闸管工作特性实验电路

（a）正向阻断；（b）正向触发导通；（c）切除触发信号仍导通；（d）反向阻断

综上所述，要使晶闸管由阻断状态变为导通状态，在晶闸管上加正向电压的同时，必须在控制极上加一定大小的正向电压（该电压称为触发电压，实际应用中常加入触发脉冲），这样才能使晶闸管导通。一旦晶闸管导通，控制极就失去作用。

注意：晶闸管导通后，变为阻断状态有两个方法：一是减小阳极电流使其小于某一电流 $I_H$（$I_H$ 为维持电流），晶闸管也会由导通变为阻断；二是减小阳极 A 和阴极 K 之间的电压，或使其电压为零，也会变为阻断状态。

一旦晶闸管处于阻断状态，必须重新触发才能导通。

### 6.1.3　晶闸管的主要参数

晶闸管的主要参数有以下几项，在选用晶闸管时要重点考虑。

（1）反向峰值电压 $U_{RRM}$。指晶闸管在控制级开路时，允许加在阳极和阴极之间的最大反向峰值电压。

（2）额定正向平均电流 $I_F$。指晶闸管在规定的环境温度、标准散热和全导通的条件下，阳极和阴极之间允许通过的工频正弦半波电流的平均值。实际应用过程中要留有一定的余量，一般取要求值的 1.5～2 倍。

（3）正向平均管压降 $U_F$。指晶闸管正向导通状态下阳极和阴极之间的平均电压降，一般为 0.4～1.2V。$U_F$ 越小，晶闸管的耗散功率也越小。

（4）维持电流 $I_H$。在控制极开路时，能维持晶闸管导通状态所需的最小阳极电流，为几十毫安至 100mA。

（5）最小触发电压 $U_G$。指晶闸管在正向偏置情况下，为使其导通而要求控制极所加的最小触发电压，一般为 1～5V。

### 6.1.4　单向晶闸管的测量

由图 6.1－2 可知，有些晶闸管外形特征明显，G、A、K 三电极一目了然，而对于一些塑封管，首先要用万用表判断管脚，然后再判断其好坏。

1. 测 G、K 端

由图 6.1－3 可知，单向晶闸管的控制极 G 与阴极 K 之间，是一个简单的 PN 结，利用万用表，测量它的正、反向电阻，若两者之间有明显的差别，说明该 PN 结是好的，图 6.1－6

为测量示意图。

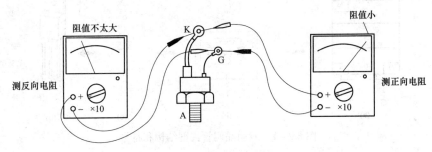

图 6.1 - 6　测量正反向电阻

2. 测 A、K 端

由图 6.1 - 3 可知，因为 A、K 间为两个 PN 结反向串联，所以 A、K 两端正反向电阻都应很大，否则说明管子已坏，测量示意图如图 6.1 - 7 所示。

3. 检测单向晶闸管导通特性

万用表置于 R×1 挡，黑表笔接阳极 A，红表笔接阴极 K，如图 6.1 - 7 所示，表针指示阻值应很大，再用金属物将控制极 G 与阳极 A 短接一下（短接后即断开），表针应大幅度向右偏转，如图 6.1 - 8 所示，否则说明晶闸管已坏。

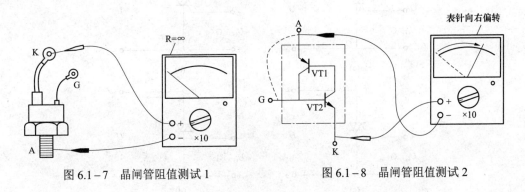

图 6.1 - 7　晶闸管阻值测试 1　　　　图 6.1 - 8　晶闸管阻值测试 2

## 任务 6.2　特殊晶闸管及其应用

除前面介绍的单向晶闸管外，在实际工程应用中，还使用一些特殊的晶闸管，如双向晶闸管、光控晶闸管等，它们具有特殊的功能，在电子电路中得到广泛应用。

### 6.2.1　双向晶闸管

双向晶闸管可看成两只普通晶闸管的组合，但实际上它是由 7 只晶体管和多只电阻通过特殊工艺构成的功率器件。

1. 双向晶闸管的内部结构和符号

对双向晶闸管来说，它没有确定的阳极和阴极，因器件可沿两个方向导通，故除控制极 G 以外的两个极统称为主端子，用 $T_1$、$T_2$ 表示，如图 6.2 - 1 所示。

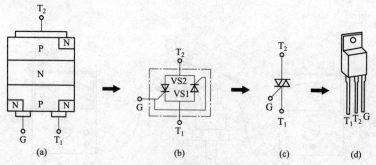

图 6.2 - 1  双向晶闸管内部结构和符号

（a）内部结构图；（b）等效图；（c）符号；（d）外形图

### 2. 双向晶闸管的极性组合

双向晶闸管除两个方向都能导通的特性外，还有一个重要的特点，即控制极电压相对主端子 $T_1$ 无论是正还是负，都能控制双向晶闸管的导通。也就是说可以用交流信号来做触发信号，从而使双向晶闸管能作为一个交流双向开关使用。主端子有正有负，控制端也有两种选择，因此，控制极的极性和主端子的极性共有四种方式，如图 6.2 - 2 所示。

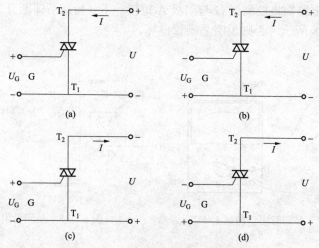

图 6.2 - 2  控制极极性和主端子的组合

## 6.2.2  快速晶闸管

工作频率在 400Hz 以上的晶闸管称为快速晶闸管，其图形符号、实物外形如图 6.2 - 3 所示。

图 6.2 - 3  快速晶闸管的符号

（a）图形符号；（b）平板型；（c）螺栓型

快速晶闸管的内部结构和工作原理与单向晶闸管相同，封装分为螺栓型和平板型两种，采用风冷和水冷式散热器进行散热。

快速晶闸管主要适用于高中频逆变、脉冲调制、高速开关及冶炼、焊接等方面的中频和高频电源装置。

### 6.2.3　门极可关断晶闸管（GTO）

门极可关断晶闸管也称为 GTO，具有普通晶闸管的全部优点，如耐压高、电流大、耐浪涌能力强、使用方便和价格低等。同时它又具有自身的优点，如具有自关断能力、工作效率较高、使用方便、无须辅助关断电路等，是一种施加适当极性的控制信号，就可使自身的状态从导通转换到阻断或从阻断转换到导通的晶闸管，其图形和符号如图 6.2 – 4 所示。

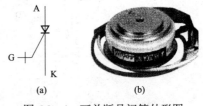

图 6.2 – 4　可关断晶闸管外形图

（a）图形符号；（b）实物图

门极可关断晶闸管的内部结构也是 4 层 P – N – P – N 结构，3 端引出线（A、K、G）器件，但与普通晶闸管不同的是：GTO 内部可看成是由许多 P – N – P – N 4 层结构的小晶闸管并联而成，这些小晶闸管的门极和阴极并联在一起，成为 GTO 元，所以 GTO 是集成元件结构，而普通晶闸管是独立元件结构。正是由于 GTO 和普通晶闸管在结构上的不同，因而在关断性能上也不同，普通晶闸管导通后欲使其关断，必须使正向电流低于维持电流，或施加反向电压强迫关断。而可关断晶闸管导通后欲使其关断，只要在控制极上加负向触发电压即可。

可关断晶闸管广泛应用于斩波器、逆变器、电子开关和电力系统中。

## 任务 6.3　晶闸管的应用电路

晶闸管的基本用途主要在以下两个方面：

（1）控制晶闸管的导通角来改变输出电压，常用于交直流调压电路。

（2）控制双向晶闸管开通与关断，常用于交流无触点开关。

### 6.3.1　可控整流电路

电路及波形图如图 6.3 – 1 所示，通过改变触发脉冲加入时机，即改变晶闸管的导通角，就可以改变输出直流电源的大小。其平均值与控制角 $\alpha$ 大小有关，输出电压平均值由下式计算

$$U_\mathrm{o} \approx 0.45 U_2 \frac{1+\cos\alpha}{2}$$

输出电流为

$$I_\mathrm{o} = \frac{U_\mathrm{o}}{R_\mathrm{L}} = 0.45 \frac{U_2}{R_\mathrm{L}} \frac{1+\cos\alpha}{2}$$

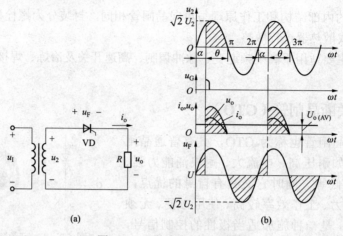

图 6.3－1　整流电路与波形图

当晶闸管全导通时，$\alpha = 0$，代入上式，可得 $U_o = 0.45U_2$，$I_o = \dfrac{U_o}{R_L}$，可见这就是一般的二极管整流。通过改变 $\alpha$，来改变图 6.3－1 中阴影面积的大小，即控制输出电压的高低。因此晶闸管俗称为可控硅整流元件。

### 6.3.2　交流调压电路

在实际应用中，有时要对交流进行调压，如炉温的控制、灯光的调节等，晶闸管在这些方面也得到广泛的应用。

最基本的交流调压电路是将两只晶闸管反向并联之后串联在交流电路中，电路如图 6.3－2 所示。

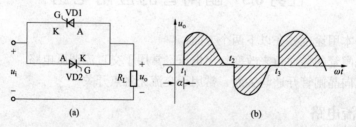

图 6.3－2　交流调压电路及波形图

（a）电路图；（b）输出电压波形图

当输入电压 $u_i$ 为正半周时，在 $t_1$ 时刻（$\omega t_1 = \alpha$）将触发脉冲加到 VD2 管的控制极，VD2 管被触发导通，输出端获得正半周电压，此时 VD1 管因承受反向电压而截止。当输入电压 $u_i$ 过零时，VD2 管自动关断。

当输入电压 $u_i$ 为负半周时，在 $t_2$ 时刻（$\omega t_2 = 180° + \alpha$）将触发脉冲加到 VD1 的控制极，VD2 管被触发导通，输出端获得负半周电压，此时 VD2 管因承受反向电压而截止。当输入电压 $u_i$ 过零时，VD2 管自动关断。

负载上获得的电压波形如图 6.3－2（b）所示，调节控制角 $\alpha$ 便可实现交流调压。

### 6.3.3　无触点开关电路

**1. 直流无触点开关电路**

图 6.3-3 所示电路为一报警器电路，当探头检测到异常情况时，输出一正脉冲至控制极 G，晶闸管 VS 导通，使报警器报警。由于晶闸管导通后，在触发信号消失后也不能自动关闭，直至有关人员到现场切断开关 S 才停止报警，因此也被称为带记忆功能无触点开关。

**2. 交流无触点开关电路**

电路如图 6.3-4 所示，晶闸管在触发信号加入后，相当于主回路开关合上，负载电路导通。

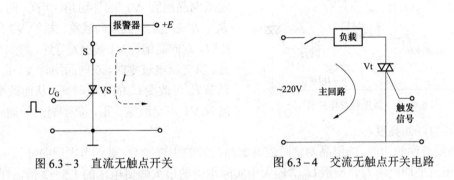

图 6.3-3　直流无触点开关　　　　　图 6.3-4　交流无触点开关电路

### 6.3.4　晶闸管使用注意事项

（1）选用晶闸管的额定电压时，应参考实际工作条件下的峰值电压的大小，并留有一定的余量。

（2）选用晶闸管的额定电流时，除了考虑通过元件的平均电流外，还应注意正常工作时导通角的大小、散热通风条件等因素。在工作中还应注意管壳温度不超过相应电流下的允许值。

（3）使用晶闸管之前，应该用万用表检查晶闸管是否良好，发现有短路或断路现象时，应立即更换。

（4）严禁用绝缘电阻表检查元件的绝缘情况。

（5）电流为 5A 以上的晶闸管要装散热器，并且保证所规定的冷却条件。为保证散热器与晶闸管管芯接触良好，它们之间应涂上一薄层有机硅或硅脂，以助于良好散热。

（6）按规定对主电路中的晶闸管安装过电压、过电流保护装置。

# 任务 6.4　调光台灯电路的安装与调试

**1. 实训目标**

（1）学会组装、调试简单的电子产品。

（2）能根据需要选用元器件，对选用元器件的参数能进行检测。

**2. 器材准备**

（1）万用表 1 只。

（2）电烙铁等焊接装配工具。

（3）调光台灯元器件 1 套。

**3. 实训内容和步骤**

（1）分析并掌握调光台灯电路的工作原理。调光台灯电路图如图 6.4－1 所示，图中 V1 为双向晶闸管，V2 为双向触发二极管，$R_p$ 为带开关的电位器，HL 为 220V 白炽灯，受晶闸管 V1 功率的限制，白炽灯功率要求为 60W 以下，电容 $C_1$ 和电感 $L$ 组成电源滤波电路，可

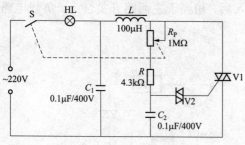

图 6.4－1 调光台灯电路图

减小高次谐波对其他电气设备的干扰。由电位器 $R_p$、电阻 $R$、电容 $C_2$ 组成的阻容移相电路决定双向晶闸管 V1 的导通角。当 $C_2$ 两端电压经 $R_p$、$R$ 充电上升到双向触发二极管 V2 的导通电压时，双向晶闸管 V1 被触发导通，白炽灯 HL 点亮。当交流电过零时，双向晶闸管 V1 自行关断。调节 $R_p$ 可改变 $C_2$ 的充电时间，从而改变双向晶闸管 V1 在交流电、正、负半周的导通角，以便得到需要的灯光亮度。

（2）元器件的选型。选用晶闸管时应考虑晶闸管的主要参数，重点考虑反向峰值电压 $U_{RRM}$ 和额定正向平均电流 $I_F$，一般 $U_{RRM}$ 应大于实际承受的最大峰值电压的 $1.5\sim2$ 倍，即

$$U_{RRM} > (1.5\sim2)\sqrt{2}\ \text{V}, \quad U_{RRM} > 1.5\times1.414\times220\text{V}=467\text{V}$$

额定正向平均电流 $I_F$ 应大于实际流过晶闸管的最大平均电流，即 $I_F > I_L$，设白炽灯的功率为 60W，则 $I_L = P/U = 60/220\text{A} = 0.28\text{A}$。

经过估算，应该选用 $U_{RRM} > 467\text{V}$、$I_F > 0.28\text{A}$ 的双向晶闸管。

（3）调光台灯的安装调试。按照图 6.4－1 安装电路，安装完成检查无误后，通电调试，调节电位器 $R_p$，观察白炽灯 HL 的亮度是否能随着电位器的调节而改变。并根据调试结果将数据填入表格 6.4－1。

**表 6.4－1** 调 试 结 果

| 参数测量 | 灯较亮（调 $R_p$） | 灯较暗（调 $R_p$） |
|---|---|---|
| （$R + R_p$）值 | | |
| $C$ 值 | | |
| $U_C$ 值 | | |
| 触发瞬间输入电流摆动最大时值 | | |

**4. 总结**

元器件选用及安装调试实验过程，编写实训报告。

5. 考核评价（表 6.4 − 2）

表 6.4 − 2　　　　　　　　　　　任 务 评 价 标 准

| 考核项目 | 分值 | 考 核 内 容 | 评 分 标 准 | 扣分记录 | 得分 |
|---|---|---|---|---|---|
| 电路工作原理分析 | 10 分 | 简述电路工作原理 | （1）不能用自己的语言简述电路的工作原理扣 2 分<br>（2）不能理解关键元器件的作用扣 2 分 | | |
| 元件参数确定及型号选择 | 20 分 | 参数确定 | 不能正确确定晶闸管的参数扣 5 分 | | |
| | 20 | 型号选择 | 不能根据确定的参数，查阅技术手册扣 5 分，对选取合适的元件不清楚扣 5 分 | | |
| 调光台灯的安装与调试 | 40 分 | （1）元器件识别和参数测量<br>（2）焊接与装配<br>（3）测量调试 | （1）无法识别元件型号，并对测试参数不清楚扣 5 分<br>（2）任务所需的仪器仪表使用不熟练扣 5 分<br>（3）焊接与装配不符合工艺要求，每处扣 2 分<br>（4）测试结果不正确、不合理，每处扣 5 分<br>（5）数据整理不规范、不正确，每处扣 5 分<br>（6）使用不当损坏仪器仪表，每处扣 10 分 | | |
| 安全文明生产 | 10 分 | 安全文明生产 | （1）违反安全操作规程，扣 10 分<br>（2）违反文明生产要求，扣 10 分 | | |
| 考评人 | | | 得分 | | |

## 📖 单元小结

（1）晶闸管俗称可控硅，具有效率高、控制特性好、寿命长、体积小、容量大、使用方便等特点。晶闸管的种类包括普通晶闸管、双向晶闸管、可关断晶闸管、快速晶闸管等。

（2）普通晶闸管的主要参数有反向峰值电压 $U_{RRM}$、额定正向平均电流 $I_F$、正向平均管压降 $U_p$、维持电流 $I_H$、最小触发电压 $U_G$。

（3）普通晶闸管的工作特性是：要使晶闸管由阻断状态变为导通状态，在晶闸管阳极 A 和阴极 K 之间加正向电压的同时，必须在控制极 G 上加一定大小的触发电压。一旦晶闸管导通，控制极就失去作用。

（4）晶闸管的基本用途主要在两个方面：一是控制晶闸管的导通角来改变输出电压，常用于交直流调压电路；二是控制双向晶闸管开通与关断，常用于交流无触点开关。

## 📖 练习题

**一、填空题**

1. 晶闸管具有效率高、_____、寿命长、体积小、_____、使用方便等优点，在家用电器等领域获得了广泛的应用。

2. 晶闸管是由 P 型和 N 型半导体交替叠加合成_____四层而构成，中间形成三个 PN 结，引出三个电极分别是_____、_____、_____。

3. 单向晶闸管的工作特性是：要使晶闸管由阻断状态变为导通状态，在晶闸管的_____极和_____之间加正向电压的同时，必须在_____上加一定大小的触发电压，这样才能使晶闸管导通。晶闸管一旦导通，_____就失去控制作用。晶闸管导通后，当阳极电流小于_____时，晶闸管会由导通状态变为阻断状态，晶闸管一旦处于阻断状态，必须_____才能再次导通。

4. 晶闸管主要应用在_____、_____、无触点开关等方面。

**二、选择题**

1. 导通后的晶闸管去掉控制极电压后，晶闸管处于（　　）状态。

　A. 导通　　　　　B. 关断　　　　　C. 放大　　　　　　D. 饱和

2. 可关断晶闸管导通后，在控制极加负脉冲，晶闸管处于（　　）状态。

　A. 导通　　　　　B. 关断　　　　　C. 放大　　　　　　D. 饱和

3. 型号 KS 型晶闸管为（　　）。

　A. 普通型　　　　B. 快速型　　　　C. 双向型　　　　　D. 可关断型

**三、问答题**

1. 单向晶闸管的工作特性是怎样的？

2. 如何使用万用表来判断单向晶闸管的极性及好坏？

3. 双向晶闸管控制极极性和主端子的组合有哪几种？并绘制组合示意图。

**四、分析题**

图 6−1 为一无触点交流开关应用电路图，说明电路中各元件的作用，并分析电路的工作原理。若负载换成 40W 的白炽灯，试选择晶闸管的型号。

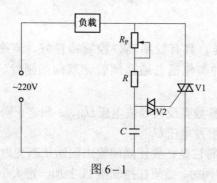

图 6−1

# 项目 7　模拟电子产品的安装与调试

## 任务 7.1　可燃气体报警器的安装与调试

可燃气体报警器一般由传感器、放大器、比较器、电源电路、声光报警电路等组成，如图 7.1 – 1 所示。

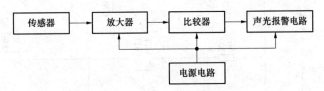

图 7.1 – 1　模拟电子报警器框图

传感器对外界信息进行检测，配合外接电路，将外界信息的变化转换为一个电压信号；该信号通过放大器放大后，得到一个较大变化的电压，将其输入到电压比较器中与参考电压进行比较；比较器的输出结果有两种，要么高电平，要么低电平，以此来控制声光报警电路是否工作。

其中传感器为关键部件，采用不同的传感器，可以组成不同信号的电子报警器。例如：采用可燃气体传感器，便形成可燃气体报警器；采用烟雾传感器，便形成烟雾报警器。传感器的精度、灵敏度、响应速度等指标，决定了电子报警器的使用精度。

### 7.1.1　可燃气体报警器的组成及工作原理

1. 可燃气体报警器总体介绍

可燃气体报警器是电子报警器的一种，传感器采用可燃气体传感器。该气体报警器电路如图 7.1 – 2 所示，报警电路的 PCB 图和装配图如图 7.1 – 3 所示，电路实物图见绪论图 0 – 2。PCB 尺寸（不含变压器部分）为 9cm×7cm。

2. MQ – 5 型可燃气体传感器简介

该报警器采用 MQ – 5 型可燃气体传感器，它具有广泛的探测范围、高灵敏度、快速响应恢复、高稳定性、长寿命、驱动电路简单等特点，可用于家庭和工厂的气体泄漏监测装置，适宜于城市煤气、甲烷、液化气等的探测。

MQ – 5 型可燃气体传感器由气敏元件、测量电极和加热器构成，固定在塑料或不锈钢制成的腔体内，加热器为气敏元件提供了必要的工作条件。封装好的气敏元件有 6 只针状管脚，引脚排列图如图 7.1 – 4 所示，其中 2 个引脚（H、H）用于提供加热电流，4 个引脚（A、A 和 B、B）用于信号取出。使用时，2 个 H 引脚分别接 +5V 电源和地，2 个 A 引脚相连接，2 个 B 引脚相连接。

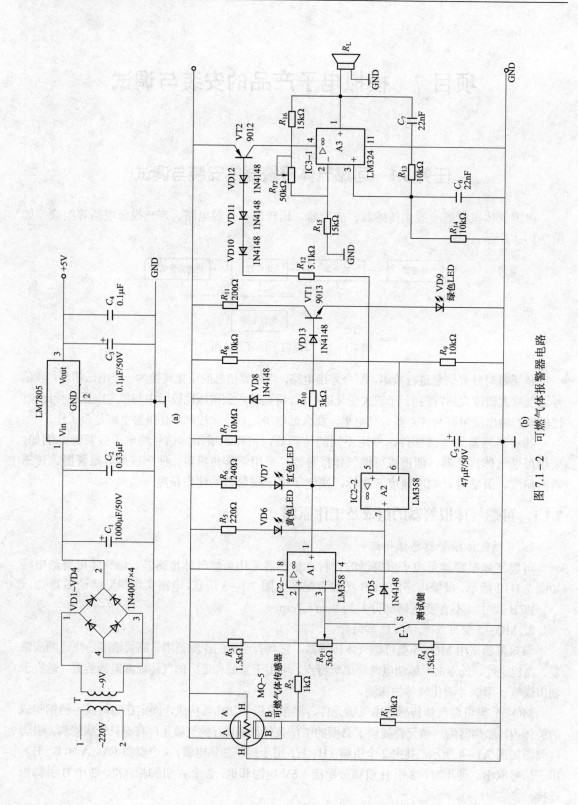

图 7.1−2 可燃气体报警器电路

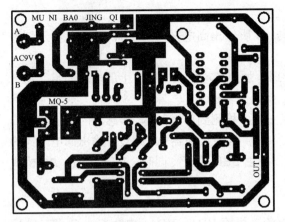

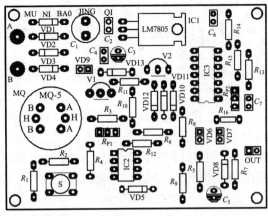

(a)　　　　　　　　　　　　　　　(b)

图 7.1-3　报警电路的 PCB 图、装配图

（a）PCB 图；（b）装配图

焦接时，交流 9V 电源变压器的二次侧接到焊盘 A、B 处，扬声器接到焊盘 OUT 和电路地之间。

3. 可燃气体报警器单元电路的组成及工作原理

在图 7.1-2 中，A1 组成比较器。A2 组成延时电路，A3 构成 RC 桥式振荡器，晶体管 VT2 组成开关电路，控制 A3 的电源的通断。晶体管 VT1 为绿色 LED 的驱动管。

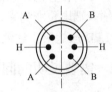

图 7.1-4　MQ-5 型可燃气体传感器引脚排列底视图

（1）比较器 A1 电路。$R_3$、$R_{P1}$、$R_4$ 组成分压电路，为比较器 A1 的同相输入端提供参考电压。改变 $R_{P1}$ 的滑动触头的位置，用于改变 A1 的阈值电压，从而设定报警的可燃气体浓度值。一般将 A1 的 3 脚电压设置在 2.2V 左右。当电路通电传感器预热后可燃气体浓度正常时，比较器 A1 输出高电平。当传感器完成预热，可燃气体浓度超标，比较器 A1 翻转输出低电平。

（2）绿色 LED 驱动电路。绿色 LED 驱动电路由 $R_{10}$、VD13、VT1 组成，$R_{11}$ 为绿色 LED 的限流电阻，绿色 LED 的导通电压约为 2V，本例实测 1.98V。

当电路通电传感器预热后可燃气体浓度正常时，比较器 A1 输出高电平，VT1 导通，绿色 LED 点亮。当传感器完成预热，可燃气体浓度超标，比较器 A1 翻转输出低电平，VT1 截止，绿色 LED 熄灭。

（3）A2 组成的延时电路及其工作原理。A2、$R_7$、$C_5$、$R_8$、$R_9$ 构成延时电路，防止报警器误动作。因传感器需预热 5min 左右方能进入稳定的工作状态。A2 及其外接元器件组成的电路，实质上是一个比较器。

延时时间由 $R_7$、$C_5$ 大小决定，$R_7$、$C_5$ 采用图 7.1-2 所示的数据值，电路将产生约 5min 的延时。刚通电时，电容 $C_5$ 上的电压为零，A2 的同相输入端（5 脚）电压低于反相输入端（6 脚）电压（2.5V），7 脚输出低电平（约为 0.77V），黄色 LED 点亮。在洁净空气中，传感器 A、B 端间呈现很大电阻，$R_1$ 上的电压较小，比较器 A1 的反相输入端为低电平（约为 0.45V），二极管 VD5 截止。此时，若检测到可燃气体，传感器的阻值迅速减小，2 脚电压升高，VD5 导通，使 2 脚电压钳制在 1.5V 左右，比较器不翻转，1 脚仍输出高电平。晶体管

VT1 仍保持导通状态，绿色 LED 继续点亮。

当 $C_5$ 上的电压达到 2.5V，比较器 A2 翻转，7 脚输出高电平（约 3.6V），黄色指示灯熄灭，电路进入正常检测工作状态。

当电路断电后，电容 $C_5$ 上电压使 VD8 导通，加速 $C_5$ 放电，使 $C_5$ 上的电压为零，为下一次测试做准备。

（4）正常测试阶段工作原理。传感器预热完成后，检测到可燃气体，传感器的阻值减小，比较器 A1 的反相输入端电压 $U_2 = U_{R1}$ 升高。当 $U_2 = U_3$ 时比较器 A1 翻转，输出低电平（约 0.79V），红色 LED 正偏点亮。此时 VT1 截止，绿色 LED 熄灭。同时，VT2 导通，$RC$ 桥式振荡器得电开始工作，扬声器发出报警声。

$R_6$ 为红色 LED 的限流电阻。

（5）电源电路。图 7.1-2 中，变压器 T、整流二极管 VD1～VD4、电容 $C_1$～$C_4$ 和三端稳压器 LM7805 组成直流稳压电源电路，为整个报警器电路提供 +5V 工作电压。

（6）测试键功用图 7.1-2（b）中，A1 同相输入端所接按键 S，是为测试报警电路能否正常工作而设置的，以防可燃气体超标时报警电路不工作，产生安全事故。按下按键 S，A1 同相输入端电位变为零，A1 组成的电路变为过零比较器，A1 翻转，输出由高电平变为低电平，绿色 LED 应熄灭，红色 LED 应点亮，$RC$ 桥式振荡器得电开始工作，扬声器应发出报警声。

## 7.1.2 需要说明的问题

（1）必须指出，本报警器只为演示而设计制作。用于实际的可燃气体报警器必须进行防爆设计，并经相关安全部门认证，以防电路工作时引爆可燃气体，造成事故。

（2）本例声音报警电路之所以采用 $RC$ 桥式振荡器，是为了巩固所学知识，培养 $RC$ 桥式振荡器的调试能力。实际产品中，为提高性能价格比和电路的可靠性，声音报警采用蜂鸣器即可。它通电后即可发出报警声，不需装接音频发生器电路。实用产品的参考电路如图 7.1-5 所示。图中 H 为蜂鸣器。K 为继电器线圈，VD9 为续流二极管，防止电源断开时，线圈产生数值很高的自感电动势击穿晶体管 VT 的 PN 结，使晶体管损坏。

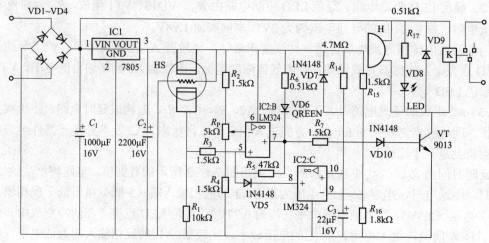

图 7.1-5 KB600 气体报警器电路图（实用产品）

（3）而且实际产品研制和生产过程中，将样品通电预热 10min 后，根据被测气体按体积配制成所需浓度的标定气样，在通电状态下把预热后的报警器，置于上述气样中，10s 后，使传感器充分感测到被测气体，微调至报警器刚好鸣响报警，反复几次即可完成气样标定工作。

📖 **知识拓展**

## *7.1.3　单元电路元器件选取

**1. 电源选择及设计**

电源电路如图 7.1-2（a）所示，设计过程本节不作介绍。

**2. 传感器选择**

查手册可知，报警器应选择 MQ-5 型可燃气体传感器，可燃气体传感器由气敏元件、测量电极和加热器构成，固定在塑料或不锈钢制成的管壳内部。

**3. 比较器 A1 电路元器件选取**

$R_3$、$R_{P1}$、$R_4$ 组成分压电路，为比较器 A1 的同相输入端提供参考电压。改变 $R_{P1}$ 的滑动触头的位置，用于改变 A1 的阈值电压，从而设定报警的可燃气体浓度值。一般将 A1 的 3 脚电压设置在 2.2V 左右。当电路通电传感器预热后可燃气体浓度正常时，比较器 A1 输出高电平。当传感器完成预热，可燃气体浓度超标，比较器 A1 翻转输出低电平。

比较器选用双运放 LM358 其中一个运放组成。另一运放可用来组成延时电路。$R_1$ 为检测电阻。传感器的电阻随气体浓度改变而改变，使检测电流随之改变，电流为毫安级，通过 $R_1$ 转换成电压。选 E24 系列标称值 10kΩ 金属膜电阻。

$R_3$、$R_4$ 选用 1.5kΩ 金属膜电阻，$R_{P1}$ 选用 3296 型 50kΩ 精密多圈电位器。

**4. 绿色 LED 驱动电路元器件选取**

绿色 LED 驱动电路由 $R_{10}$、VD13、VT1 组成。

根据 9013 的规格书可查到它的饱和导通电压 $U_{CES}=0.6$V。LED 选 2EF551，根据它的规格书可以查到：$U_F=2$V，$I_F=10$mA，$I_{FM}=50$mA，$R_{11}$ 由下式估算，取 $I_F=12$mA，则

$$R_{11}=\frac{V_{CC}-U_{CES}-U_F}{I_F}=\frac{5\text{V}-0.6\text{V}-2\text{V}}{12\text{mA}}=200\Omega \tag{7.1-1}$$

选 E24 系列标称值 200Ω 金属膜电阻。

图 7.1-2 中，$R_{10}$ 为驱动管 VT1 的限流电阻，根据欧姆定律进行估算选用，驱动管 VT1 选 9013，查手册，9013F 的 $h_{EF}=\beta=96$，则

$$I_{BS}=\frac{I_{CS}}{\beta}=\frac{V_{CC}-U_F}{\beta R_{11}}=\frac{5\text{V}-2\text{V}}{96\times200\Omega}\approx156\mu\text{A}$$

$R_{10}$ 由下式估算

$$R_{10}=\frac{U_i-U_D-U_{BE1}-U_F}{I_{BS}}$$

式中，$U_i$ 为驱动高电平电压，本例取 4V；$U_D$ 为二极管 VD13 导通电压，硅管取 0.7V；$U_{BE1}$ 为 VT1 发射结正偏导通电压，硅管取 0.7V。

代入数据，算得 $R_{10}\approx3.85$kΩ，为使 VT1 在输入为高电平时可靠饱和导通，所选电阻应低于估算值，选 E24 系列标称值 3.3kΩ（或 3kΩ）金属膜电阻。

5. 延时控制电路元器件选取

A2、$R_7$、$C_5$、$R_8$、$R_9$ 构成延时控制电路，实质上是一个比较器。

（1）$R_8$、$R_9$ 选用。比较器 A2 阈值电压 $U_{th2}$ 由 $R_8$、$R_9$ 决定。设 A2 阈值电压 $U_{th2}=2.5V$，$R_8=R_9=10k\Omega$。选 E24 系列标称值 10k$\Omega$ 金属膜电阻。

（2）VD8 选用。VD8 是为在关机断电时，加速放电而设置，当接上 +5V 电源时，VD8 反偏截止，断电时 VD8 正偏导通，电阻很小，相当于把 $R_7$ 短接，使 $C_5$ 很快放电电压为零，为下次测试作准备。VD8 选开关管 1N4148。

（3）黄色 LED 及限流电阻 $R_5$ 选用。黄色 LED 选用 2EF841，导通电压为 2V，最大工作电流 $I_{FM}=30mA$，$I_F=10mA$。A2 输出低电平的输出电压 $U_L$ 约为 0.8V，选择黄色 LED 的工作电流为 $I_F=10mA$，则限流电阻 $R_5$ 由下式估算

$$R_5=\frac{V_{CC}-U_L-U_F}{I_F}=\frac{5V-0.8V-2V}{10mA}=220\Omega$$

$R_5$ 选标称值为 220$\Omega$ 的金属膜电阻。

（4）$R_7$、$C_5$ 选择计算。当 $U_{C5}=U_{th2}$ 时比较器 A2 翻转，也就是说当 $C_5$ 充电到 2.5V 时，比较器 A2 翻转。电容器 $C_5$ 由零充电到 2.5V 所需时间，就是延时时间，$R_7$、$C_5$ 值由此估算。

直流电压 U 通过电阻 R 对电容 C 充电，当电容 C 上的初始电压为 0 时，电容 C 上的充电电压 $U_C(t)$ 与时间 t 的关系为

$$U_C(t)=U\left(1-e^{-\frac{t}{RC}}\right)$$

本例中，$U=V_{CC}=5V$、$C_5$ 由零充电到 $U_{C5}(t)=2.5V$ 时所需的时间

$$t\approx0.69R_7C_5$$

为使教学演示过程中的预热时间不致过长，设预热时间为 5min，则 $t=5\times60s=300s$

取 $C_5=47\mu F$，代入上式可求得 $R_7\approx9.25M\Omega$。取标称值 10M$\Omega$。

（5）VD8 选用。VD8 为续流二极管，当电路有 +5V 电源供电时，VD8 反偏截止，电容 $C_4$ 通过 $R_7$ 充电，$U_{C5}<+5V$，VD8 反偏截止；当电源关断，VD8 正偏导通，等效电阻远小于 $R_7$，近似于短路，为 $C_5$ 放电提供了放电的通路，加快放电。选用开关二极管 1N4148。

6. 红色 LED（VD7）及限流电阻 $R_6$ 的选取

A1 输出低电平 $U_L=0.8V$，红色 LED 选 2EF501，$I_{FM}=40mA$，$I_F=10mA$ $U_F=1.7V$。选择工作电流为 $I_F=10mA$，则

$$R_6=\frac{V_{CC}-U_L-U_F}{I_F}=\frac{5V-0.8V-1.7V}{10mA}=250\Omega$$

$R_6$ 选 E24 系列标称值为 240$\Omega$ 的金属膜电阻。

7. 音频振荡电路电子开关电路元器件选取

VD10～VD12 是为使 A1 输出高电平时开关管 VT2 可靠截止、在 A1 输出低电平时 VT2 可靠饱和导通而设置的，选开关二极管 1N4148。

$R_{12}$ 为 VT2 的限流电阻，为保证开关管 VT2 在 A1 输出低电平时可靠饱和导通，应根据

式 $I_{CS} \approx \dfrac{V_{CC}}{R_C}$ 来估算选用，$R_C$ 为运放 A3 的等效电阻，应根据 A3 供电电压及供电电流估算而

得，很麻烦。不妨根据经验设 $I_{BS}$ 值，进行估算，再在调试过程中进行检验、调整。VT2 选用 9012 型 PNP 硅管，设 $I_{BS} = 28\mu A$，则

$$R_{12} = \frac{V_{CC} - U_{BE2} - 3U_D - U_L}{I_{BS}}$$

式中，$U_D$ 为一个二极管导通电压，硅管取 0.7V；$U_L$ 为 A1 低电平输出电压值，为 0.8V。代入数据

$$R_{12} = \frac{5V - 0.7V - 2.1V - 0.8V}{28\mu A} = 5000\Omega$$

$R_{12}$ 选标称值为 5.1kΩ 的金属膜电阻。

8. 文氏桥式 $RC$ 振荡器电路元器件选取

$RC$ 桥式振荡器由 A3、$R_{P2}$、$R_{16}$、$R_{15}$、$C_6$、$R_{14}$、$C_7$、$R_{13}$ 组成。取振荡频率 $f_0 = 700Hz$。取 $C_6 = C_7 = 22nF$，则

$$R_{13} = R_{14} = \frac{1}{2\pi f_0 C} = \frac{1}{2 \times 3.14 \times 700Hz \times 22 \times 10^{-9}F} \approx 10\ 339\Omega$$

$R_{13}$、$R_{14}$ 选 E$_{24}$ 系列标称值 10kΩ 的金属膜电阻。

取 $R_{15} = R_{16} = 15k\Omega$，$R_{P2}$ 选 3296 型 50kΩ 的多圈精密电位器，根据起振条件，当 $(R_{P1} + R_{16}) > 2R_{15}$ 时，即 $R_{P1} > 15k\Omega$ 时，电路才能起振。

### 7.1.4 可燃气体报警器的总装与调试

1. 组装电路

按照图 7.1–2 在面包板或万能印制板上安装可燃气体报警器电路。

2. 电路调试

参考上述图 7.1–2 电原理图及装配图进行安装。检查装配无误后，可进行电路调试。

接通电源，绿色 LED 应点亮，测量 VT1 的发射极电位 $U_{E1}$ 约为 1.98V，VT2 的发射极电位 $U_{E2}$ 应为 5V。A2、$R_7$、$C_5$、$R_8$、$R_9$ 构成延时电路将产生约 5min 的延时，以防止报警器的误动作。

A3 构成 $RC$ 桥式振荡器调试时，需注意起振条件，当 $(R_{P1} + R_{16}) > 2R_{12}$ 时，即 $R_{P1} > 15k\Omega$ 时，电路才能起振。

预热延时阶段 IC2 的 7 脚（A2 的输出端）应为低电平（约 0.3V），选用不同阻值的电阻 $R_7$ 或不同容量的电容 $C_5$，可调整延时时间的长短。约 5min 后，延时结束，IC1 的 7 脚应为高电平（约 3.8V）。这时在洁净空气中测电阻 $R_1$ 两端电压（$U_0$）应为 0.2～1V，否则可更换适合阻值的 $R_1$ 使 $U_0$ 进入上述范围。然后在传感器 B 端和 A 端（+5V 电源端）跨接一个 100Ω 电阻，调整微调电位器 $R_{P1}$ 应可使红色发光管点亮。IC2 的 1 脚（A1 的输出端）由原静态时的约 0.3V 翻转为约 3.8V，同时驱动音频振荡器工作，发出鸣响。完成上述电路调试，去掉跨接的 100Ω 的电阻，电路调试结束。

## 7.1.5　任务评价

根据安装调试情况，按表 7.1-1 评定成绩。

表 7.1-1　　　　　　　　　　　任　务　评　价　标　准

| 考核项目 | 配分 | 工 艺 标 准 | 评 分 标 准 | 扣分记录 | 得分 |
|---|---|---|---|---|---|
| 观察识别能力 | 10 分 | 能正确识读元器件标志符号，判别元器件引脚、极性 | （1）识读元器件标志符号错误，每处扣 0.5 分<br>（2）元器件引脚、极性判别错误，每处扣 0.5 分 | | |
| 电路组装能力 | 40 分 | （1）元器件布局合理、紧凑<br>（2）导线横平、竖直，转角成直角，无交叉<br>（3）元器件间连接关系和原电路图一致<br>（4）元器件安装平整、对称，电阻器、二极管、集成电路水平安装，紧贴印制电路板，电容器、电位器立式安装<br>（5）绝缘恢复良好，紧固件牢固可靠<br>（6）未损伤导线绝缘层和元器件表面涂敷层<br>（7）焊点光亮、清洁、焊料适量，无漏焊、虚焊、假焊、搭焊、溅锡等现象<br>（8）焊接后元器件引脚剪脚留头长度小于 1mm | （1）元器件布局不合理，每处扣 5 分<br>（2）导线不平直，转角不成直角，每处扣 2 分，出现交叉每处扣 5 分<br>（3）元器件错装、漏装，每处扣 5 分<br>（4）元器件安装歪斜、不对称，高度超差，每处扣 1 分<br>（5）绝缘恢复不符合要求，扣 10 分<br>（6）损伤导线绝缘层和元器件表面涂敷层，每处扣 5 分<br>（7）紧固件松动，每处扣 2 分<br>（8）焊点不光亮、不清洁、焊料不适量，漏焊、虚焊、假焊、搭焊、溅锡，每处扣 1 分<br>（9）剪脚留头长度大于 1mm，每处扣 0.5 分 | | |
| 仪表使用能力和调试能力 | 40 分 | （1）能对任务所需仪器仪表进行使用前检查与校正<br>（2）能根据任务采用正确的测试方法与工艺，正确使用仪器仪表<br>（3）测试结果正确合理，数据整理规范正确<br>（4）确保仪器仪表完好无损<br>（5）经检验，符合调试要求 | （1）不能对任务所需仪器仪表进行使用前检查与校正，每处扣 5 分<br>（2）不能根据任务采用正确的测试方法与工艺，每处扣 5 分<br>（3）测试结果不正确、不合理，每处扣 5 分<br>（4）数据整理不规范、不正确，每处扣 5 分<br>（5）使用不当损坏仪器仪表，每处扣 10 分 | | |
| 安全文明生产 | 10 分 | 安全文明生产 | （1）违反安全操作规程，扣 10 分<br>（2）违反文明生产要求，扣 10 分 | | |
| 考评人 | | | 得分 | | |

# 任务 7.2  模拟温度报警器的安装与调试

## 7.2.1  设计任务与要求

（1）当温度在 10～30℃时，报警器不发出声音。当温度超出这个范围时，报警器报出声响，并可根据指示灯的不同单调区分温度的高低，即当温度高于 30℃或温度低于 10℃时，报警器发出声音，同时相应的 LED 指示灯亮。

（2）可用 5～15V 直流稳压电源供电。

（3）在保证性能的前提下，尽量减少功耗，降低成本。

## 7.2.2  总体方案

系统框图如图 7.2-1 所示。

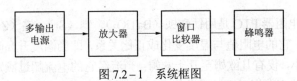

图 7.2-1  系统框图

根据任务要求，所设计电路分为四个模块，即多输出电源、传感器放大电路、窗口比较器和蜂鸣器。其中放大器的设计，既可以采用晶体管放大，也可以采用集成运放放大，考虑到电路检测的方便，采用集成运放设计放大电路。比较器选择窗口比较器，可以模拟实现高温低温。同时用比较结果来驱动 LED，用来区分高低温报警。蜂鸣器来提示温度超限。

1. 多输出电源电路图

多输出电源电路如图 7.2-2 所示。

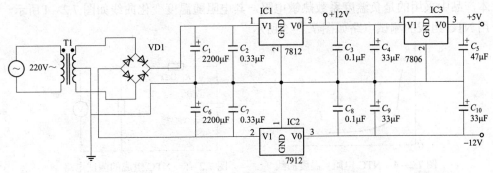

图 7.2-2  多输出电源电路

2. 传感器放大器电路图

传感器放大器电路如图 7.2-3 所示。

图 7.2-3 中 $R_2$ 是用于温度检测的热敏电阻。热敏电阻是一种半导体材料制成的敏感元件，当温度变化时，热敏电阻值将发生显著变化，如果在热敏电阻两端加上电压，则流过热敏电阻的电流将随温度变化，即将温度的变化转化为电信号。热敏电阻通常分为正温度系数

（PTC）热敏电阻、负温度系数（NTC）热敏电阻、临界温度系数热敏电阻、开关型热敏电阻四种。平时常用的是 PTC 和 NTC 两种热敏电阻。

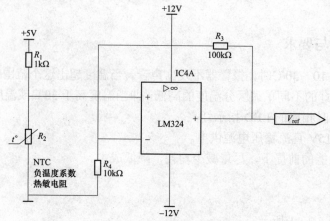

图 7.2-3　传感器放大器电路

正温度系数热敏电阻器 PTC 是用钛酸钡（$BaTiO_3$）、锶（Sr）、锆（Zr）等材料制成的。属直热式热敏电阻器，它的电阻值与温度变化成正比关系，即当温度升高时电阻值随之增大。在常温下，其电阻值较小，仅有几欧姆至几十欧姆；当流经它的电流超过额定值时，其电阻值能在几秒钟内迅速增大到数百欧姆乃至数千欧姆。广泛应用于彩色电视机消磁电路、电冰箱压缩机启动电路及过热或过电流保护等电路中，还可用于电驱蚊器和卷发器、电热垫、电暖器等小家电中。

负温度系数热敏电阻器 NTC 是用锰（Mn）、钴（Co）、镍（Ni）、铜（Cu）、铝（Al）等金属氧化物（具有半导体性质）或碳化硅（SiC）等材料采用陶瓷工艺制成的。它的电阻值与温度变化成反比关系，即当温度升高时，电阻值随之减小。广泛应用于电冰箱、空调器、微波炉、电烤箱、复印机、打印机等家电及办公产品中，作温度检测、温度补偿、温度控制、微波功率测量及稳压控制用。

本产品中采用的是负温度系数热敏电阻，其电阻随温度变化曲线如图 7.2-4 所示。
用 NTC 组成的测试电路如图 7.2-5 所示。

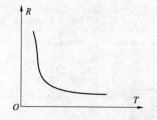

图 7.2-4　NTC 电阻-温度曲线

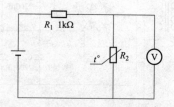

图 7.2-5　NTC 组成的测试电路

当温度 $T$ 变化时，$R_2$ 的阻值将发生变化，从而电压发生变化。这样便达到温度的变化转化为电压的变化的传感特性。热敏电阻器的主要技术参数有：① 标称电阻 $R_c$，指环境温度为 25℃时热敏电阻器的实际电阻值；② 工作温度范围等。MF52EA 标称阻值为 0.1~20kΩ，工作温度（本机选用）范围为-40℃~150℃。

3. 窗口比较器电路图
窗口比较器电路如图 7.2-6 所示。

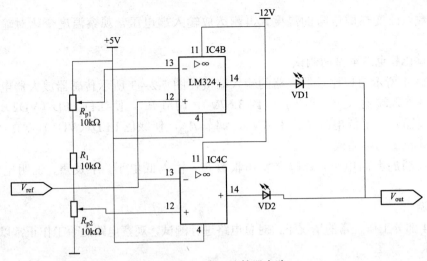

图 7.2－6　窗口比较器电路

**4. 报警电路**

采用压电蜂鸣器，构成声音报警电路，电路如图 7.2－7 所示，$R_8$ 取 10kΩ 电阻。

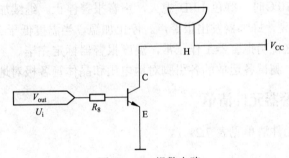

图 7.2－7　报警电路

当蜂鸣器两端接通额定电压的直流电源，蜂鸣器内部振荡器起振，输出音频信号，蜂鸣器选用 SFM20－1 的蜂鸣器，它的额定直流电压为 1.5～15V。

电路中晶体管采用 9013，其在电路中具有开关作用，报警电路的输入端接窗口比较器的输出端，当 $U_i < 0V$ 时，晶体管处于截止状态。蜂鸣器两端没有电压，不发声。

当窗口比较器输出高电平，晶体管导通，蜂鸣器发声增强。

### 7.2.3　组装与调试

根据电路图，将所选电子器件在万能印制电路板上组装，在电路组装过程中，单元电路之间输入、输出关系不能搞错。检查电路装接无误后，通电调试，通过 $R_{P1}$ 和 $R_{P2}$ 的调整，使其在预定温度报警。调试的步骤分为单元测试→联调测试。

**1. 电源电路调试**

先进行电源电路调试，测量电源电路的变压器二次电压、整流桥输出电压，+12V、+5V、－12V 输出电压。

**2. 温度检测与放大电路测试**

先在常温下用万用表测出运放同相输入端电压，然后测出输出端的电压，测试运放的放大倍数。改变热敏电阻的温度，再测运放输入端电压，观察温度变化对输入电压的影响。

3. 窗口比较电压电路的测试

图 7.2－4 所示窗口比较器电路的输入端接在图 7.2－3 所示传感器放大器电路的输出端。在电路输入端输入一个高电压（约 3.67V），调节 $R_{p1}$，使红色 LED（VD2）点亮。在电路输入端输入一个低电压（约 1.67V），调节 $R_{p2}$，使绿色 LED（VD1）点亮。

4. 声音报警电路测试

在输入端加上高电平，蜂鸣器发出报警声，输入低电平，不发声，说明电路工作正常。

5. 联调

在前 4 部分工作正常的情况下，对总电路进行测试，观察电路是否工作正常以及是否满足设计要求。

该电路温度标定需在温度低于 10℃ 的环境中进行（如电冰箱冷藏室）。打开冰箱门把温度报警与温度计置于电冰箱冷藏室内，把温度计放在热敏电阻边，读出温度，一般情况下，冷藏温度低于 10℃ 时，绿色 LED 点亮，蜂鸣器发出报警声。用电吹风热风吹向热敏电阻与温度计，当温度达到 10℃ 时，绿色 LED 熄灭，声音报警停止。继续加温，当温度计读数为 30℃ 时，红色 LED 点亮，蜂鸣器发出报警声。停止加温，当温度低于 30℃ 时，红色 LED 熄灭，声音报警停止。这说明报警器工作正常，温度报警器标定完毕。

测试标定过程中，测试各运放的各引脚对地电压和晶体管各极对地电压，记录在案。

## 7.2.4 模拟温度报警器元件清单

模拟温度报警器元件清单见表 7.2－1。

表 7.2－1　　　　　　　　　　　元 件 清 单

| 名称 | 数量 | 规格型号 | 名称 | 数量 | 规格型号 |
|---|---|---|---|---|---|
| 变压器 | 1 | 220/16V | 电容 | 1 | 10μF |
| 硅单相桥式整流器 | 1 | （G）SQ1C | 电容 | 2 | 0.01μF |
| 温度传感器 | 1 | MF52EA | 电阻 | 3 | 10kΩ |
| LM7912 | 1 | | 电阻 | 1 | 100kΩ |
| LM7805 | 1 | | 电阻 | 1 | 1kΩ |
| LM324 | 1 | | 发光二极管 | 1 | BT112X（红） |
| 电位器 | 2 | 10kΩ | 发光二极管 | 1 | BT123X（绿） |
| 蜂鸣器 | 2 | SFM20－2 | 电源插头 | 1 | |
| 电容 | 2 | 2200μF | 导线 | 若干 | |
| 电容 | 3 | 0.33μF | 绝缘胶布 | 若干 | |

## 7.2.5　模拟温度报警器安装调试评价标准

根据安装调试情况，按表 7.2 - 2 评定成绩。

表 7.2 - 2　　　　　　　　　　　任 务 评 价 标 准

| 考核项目 | 配分 | 工 艺 标 准 | 评 分 标 准 | 扣分记录 | 得分 |
|---|---|---|---|---|---|
| 观察识别能力 | 10 分 | 能正确识读元器件标志符号，判别元器件引脚、极性 | （1）识读元器件标志符号错误，每处扣 0.5 分<br>（2）元器件引脚、极性判别错误，每处扣 0.5 分 | | |
| 电路组装能力 | 40 分 | （1）元器件布局合理、紧凑<br>（2）导线横平、竖直，转角成直角，无交叉<br>（3）元器件间连接关系和原电路图一致<br>（4）元器件安装平整、对称，电阻器、二极管、集成电路水平安装，紧贴印制电路板，电容器、电位器立式安装<br>（5）绝缘恢复良好，紧固件牢固可靠<br>（6）未损伤导线绝缘层和元器件表面涂敷层<br>（7）焊点光亮、清洁，焊料适量，无漏焊、虚焊、假焊、搭焊、溅锡等现象<br>（8）焊接后元器件引脚剪脚留头长度小于 1mm | （1）元器件布局不合理，每处扣 5 分<br>（2）导线不平直，转角不成直角，每处扣 2 分，出现交叉每处扣 5 分<br>（3）元器件错装、漏装，每处扣 5 分<br>（4）元器件安装歪斜、不对称，高度超差，每处扣 1 分<br>（5）绝缘恢复不符合要求，扣 10 分<br>（6）损伤导线绝缘层和元器件表面涂敷层，每处扣 5 分<br>（7）紧固件松动，每处扣 2 分<br>（8）焊点不光亮、不清洁、焊料不适量，漏焊、虚焊、假焊、搭焊、溅锡，每处扣 1 分<br>（9）剪脚留头长度大于 1mm，每处扣 0.5 分 | | |
| 仪表使用能力和调试能力 | 40 分 | （1）能对任务所需仪器仪表进行使用前检查与校正<br>（2）能根据任务采用正确的测试方法与工艺，正确使用仪器仪表<br>（3）测试结果正确合理，数据整理规范正确<br>（4）确保仪器仪表完好无损<br>（5）经检验，符合调试要求 | （1）不能对任务所需仪器仪表进行使用前检查与校正，每处扣 5 分<br>（2）不能根据任务采用正确的测试方法与工艺，每处扣 5 分<br>（3）测试结果不正确、不合理，每处扣 5 分<br>（4）数据整理不规范、不正确，每处扣 5 分<br>（5）使用不当损坏仪器仪表，每处扣 10 分 | | |
| 安全文明生产 | 10 分 | 安全文明生产 | （1）违反安全操作规程，扣 10 分<br>（2）违反文明生产要求，扣 10 分 | | |
| 考评人 | | | 得分 | | |

# 附　录

## 附录 A　维修电工中级工职业技能鉴定应知考试题

### （模拟电子技术部分）试题汇编及参考答案

**一、是非判断题**（结论正确的答案为 1，错误的为 0）

1. 共发射极放大电路既有电压放大作用，也有电流放大作用。　　　　　　　（1）
2. 共发射极阻容耦合放大电路，带负载后的电压放大倍数较空载时的电压放大倍数减小。
　　　　　　　　　　　　　　　　　　　　　　　　　　　　　　　　　（0）
3. 共发射极放大电路，想使静态工作点稳定，应引入正反馈。　　　　　　　（1）
4. 共集电极放大电路，输入信号与输出信号相位相同。　　　　　　　　　　（1）
5. 多级放大电路，要求信号在传输的过程中，失真要小。　　　　　　　　　（0）
6. 多级放大电路，总增益等于各级放大电路增益之积。　　　　　　　　　　（0）
7. 功放管的散热问题，是功率放大器基本技术要求之一。　　　　　　　　　（1）
8. 在输入信号一个周期内，甲类功放与乙类功放相比，单管工作时间短。　　（0）
9. 自激振荡器是一个需外加输入信号的选频放大器。　　　　　　　　　　　（0）
10. 差动放大电路既可以双端输入，又可以单端输入。　　　　　　　　　　　（0）
11. 在直流放大器中，前级产生的零点漂移比后级严重得多。　　　　　　　　（1）
12. 二极管正向电阻比反向电阻大。　　　　　　　　　　　　　　　　　　　（0）
13. 在实际工作中整流二极管和稳压二极管可互相代替。　　　　　　　　　　（0）
14. 实际工作中，放大晶体管与开关晶体管不能相互替换。　　　　　　　　　（1）
15. 晶闸管都是用硅材料制作的。　　　　　　　　　　　　　　　　　　　　（1）
16. 晶闸管的通态平均电流大于 200A，外部均为平板式。　　　　　　　　　（1）
17. 晶闸管无论加多大正向阳极电压，均不导通。　　　　　　　　　　　　　（0）
18. 晶闸管加正向电压，触发电流越大，越容易导通。　　　　　　　　　　　（1）
19. 晶闸管的通态平均电压越大越好。　　　　　　　　　　　　　　　　　　（0）
20. 正常工作条件下，为保证晶闸管可靠触发，实际所加的触发电压应大于门极触发电压。
　　　　　　　　　　　　　　　　　　　　　　　　　　　　　　　　　（1）
21. 单结晶体管具有单向导电性。　　　　　　　　　　　　　　　　　　　　（0）
22. 在单结晶体管触发电路中，单结晶体管工作在关状态。　　　　　　　　　（0）
23. 晶体管触发电路要求触发功率较大。　　　　　　　　　　　　　　　　　（1）
24. 同步电压为锯齿波的触发电路，其产生的锯齿波线性度最好。　　　　　　（0）
25. 单相半波可控整流电路，无论输入电压极性如何改变，其输出电压极性不会改变。
　　　　　　　　　　　　　　　　　　　　　　　　　　　　　　　　　（1）
26. 单相可控整流电路中，二极管承受的最大反向电压出现在晶闸管导通时。　（0）
27. 单相全波可控整流电路，可通过改变控制角大小改变输出负载电压。　　　（1）

28. 单相全波可控整流电路，晶闸管导通角 $\theta$ 越小，输出平均电压越高。　　　　（0）

29. 在三相半波可控整流电路中，若触发脉冲在自然换相点之前加入，输出电压波形变为缺相波形。　　　　（1）

30. 在三相半波可控整流电路中，若 $\alpha>30°$，输出电压波形连续。　　　　（0）

## 二、选择题

1. 低频信号发生器是用来产生（D）信号的信号源。

　　A. 标准方波　　　B. 标准直流　　　C. 标准高频正弦　　　D. 标准低频正弦

2. 低频信号发生器的低频振荡信号由（D）振荡器产生。

　　A. LC　　　　B. 电感三点式　　　C. 电容三点式　　　D. RC

3. 示波器荧光屏上出现一个完整、稳定正弦波的前提是待测波形频率（B）扫描锯齿波电压频率。

　　A. 低于　　　　B. 等于　　　　C. 高于　　　　D. 不等于

4. 用普通示波器观测一波形，若荧光屏显示由左向右不断移动的不稳定波形时，应当调整（C）旋钮。

　　A. X 位移　　　B. 扫描范围　　　C. 整步增幅　　　D. 同步选择

5. 低频信号发生器开机后（A）即可使用。

　　A. 很快　　　　　　　　　　　B. 需加热 60min 后

　　C. 需加热 40min 后　　　　　　D. 需加热 30min 后

6. 使用低频信号发生器时（A）。

　　A. 先将"电压调节"放在最小位置，再接通电源

　　B. 先将"电压调节"放在最大位置，再接通电源

　　C. 先接通电源，再将"电压调节"放在最小位置

　　D. 先接通电源，再将"电压调节"放在最大位置

7. 严重歪曲测量结果的误差叫（D）。

　　A. 绝对误差　　　B. 系统误差　　　C. 偶然误差　　　D. 疏失误差

8. 疏失误差可以通过（C）的方法来消除。

　　A. 校正测量仪表　　　　　　　B. 正负消去法

　　C. 加强责任心，抛弃测量结果　D. 采用合理的测试方法

9. 采用增加重复测量次数的方法可以消除（B）对测量结果的影响。

　　A. 系统误差　　　B. 偶然误差　　　C. 疏失误差　　　D. 基本误差

10. 采用合理的测量方法可以消除（A）误差。

　　A. 系统　　　　B. 读数　　　　C. 引用　　　　D. 疏失

11. 发现示波管的光点太亮时，应调节（B）。

　　A. 聚焦旋钮　　B. 辉度旋钮　　C. Y 轴增幅旋钮　　D. X 轴增幅旋钮

12. 用通用示波器观察工频 220V 电压波形时，被测电压应接在（B）之间。

　　A. "Y 轴输入"和"X 轴输入"端钮

　　B. "Y 轴输入"和"接地"端钮

　　C. "X 轴输入"和"接地"端钮

　　D. "整步输入"和"接地"端钮

13. 调节普通示波器"X 轴位移"旋钮可以改变光点在（D）。
　　A. 垂直方向的幅度　　　　　　　　B. 水平方向的幅度
　　C. 垂直方向的位置　　　　　　　　D. 水平方向的位置

14. 调节通用示波器的"扫描范围"旋钮可以改变显示波形的（B）。
　　A. 幅度　　　　B. 个数　　　　　C. 亮度　　　　　D. 相位

15. 示波器荧光屏上亮点不能太亮，否则（C）。
　　A. 熔丝将熔断　　　　　　　　　　B. 指示灯将烧坏
　　C. 有损示波管使用寿命　　　　　　D. 影响使用者的安全

16. 不要频繁开闭示波器的电源，防止损坏（B）。
　　A. 电源　　　　　　　　　　　　　B. 示波管灯丝
　　C. 熔丝　　　　　　　　　　　　　D. X 轴放大器

17. 长期不工作的示波器重新使用时，应该（C）。
　　A. 先通以 1/2 额定电压工作 2h，再升至额定电压工作
　　B. 先通以 2/3 额定电压工作 10min，再升至额定电压工作
　　C. 先通以 2/3 额定电压工作 2h，再升至额定电压工作
　　D. 直接加额定电压工作

18. 对于长期不使用的示波器，至少（D）个月通电一次。
　　A. 三　　　　　　B. 五　　　　　　C. 六　　　　　　D. 十二

19. 放大电路的静态工作点，是指输入信号（A）晶体管的工作点。
　　A. 为零时　　　B. 为正时　　　　C. 为负时　　　　D. 很小时

20. 放大电路设置静态工作点的目的是（B）。
　　A. 提高放大能力
　　B. 避免非线性失真
　　C. 获得合适的输入电阻和输出电阻
　　D. 使放大器工作稳定

21. 欲改善放大电路的性能，常采用的反馈类型是（D）。
　　A. 电流反馈　　　　　　　　　　　B. 电压反馈
　　C. 正反馈　　　　　　　　　　　　D. 负反馈

22. 欲使放大器净输入信号削弱，应采取的反馈类型是（D）。
　　A. 串联反馈　　　　　　　　　　　B. 并联反馈
　　C. 正反馈　　　　　　　　　　　　D. 负反馈

23. 放大电路采用负反馈后，下列说法不正确的是（A）。
　　A. 放大能力提高了　　　　　　　　B. 放大能力降低了
　　C. 通频带展宽了　　　　　　　　　D. 非线性失真减小了

24. 将一个具有反馈的放大器的输出端短路，即晶体管输出电压为 0，反馈信号消失，则该放大器采用的反馈是（C）。
　　A. 正反馈　　　　　　　　　　　　B. 负反馈
　　C. 电压反馈　　　　　　　　　　　D. 电流反馈

25. 阻容耦合多级放大器可放大（B）。

A. 直流信号                           B. 交流信号

C. 交、直流信号                        D. 反馈信号

26. 阻容耦合多级放大器中，（D）的说法是正确的。

　　A. 放大直流信号                     B. 放大缓慢变化的信号

　　C. 便于集成化                       D. 各级静态工作点互不影响

27. 多级放大电路总放大倍数是各级放大倍数的（C）。

　　A. 和　　　　　B. 差　　　　　C. 积　　　　　D. 商

28. 阻容耦合多级放大电路的输入电阻等于（A）。

　　A. 第一级输入电阻                   B. 各级输入电阻之和

　　C. 各级输入电阻之积                 D. 末级输入电阻

29. 推挽功率放大电路比单管甲类功率放大电路（C）。

　　A. 输出电压高                       B. 输出电流大

　　C. 效率高                           D. 效率低

30. 对功率放大电路最基本的要求是（C）。

　　A. 输出信号电压大                   B. 输出信号电流大

　　C. 输出信号电压和电流均大           D. 输出信号电压大、电流小

31. 乙类推挽功率放大器，易产生的失真是（C）。

　　A. 饱和失真                         B. 截止失真

　　C. 交越失真                         D. 无法确定

32. 推挽功率放大电路在正常工作过程中，晶体管工作在（D）状态。

　　A. 放大　　　　B. 饱和　　　　C. 截止　　　　D. 放大或截止

33. 直接耦合放大电路产生零点飘移的主要原因是（A）变化。

　　A. 温度　　　　B. 湿度　　　　C. 电压　　　　D. 电流

34. 直流耦合放大电路可放大（C）。

　　A. 直流信号

　　B. 交流信号

　　C. 直流信号和缓慢变化的交流信号

　　D. 反馈信号

35. 直流放大器克服零点飘移的措施是采用（D）。

　　A. 分压式电流负反馈放大电路         B. 振荡电路

　　C. 滤波电路                         D. 差动放大电路

36. 差动放大电路的作用是（D）信号。

　　A. 放大共模                         B. 放大差模

　　C. 抑制共模                         D. 抑制共模，又放大差模

37. 半导体整流电路中使用的整流二极管应选用（D）。

　　A. 变容二极管                       B. 稳压二极管

　　C. 点接触型二极管                   D. 面接触型二极管

38. 二极管两端加上正向电压时（B）。

　　A. 一定导通                         B. 超过死区电压才导通

    C. 超过 0.3V 才导通        D. 超过 0.7V 才导通

39. 一个硅二极管反向击穿电压为 150V，则其最高反向工作电压为（D）。

    A. 大于 150V            B. 略小于 150V

    C. 不得超过 40V          D. 等于 75V

40. 用于整流的二极管型号是（C）。

    A. 2AP9     B. 2CW14C     C. 2CZ52B     D. 2CK84A

41. 普通晶闸管管心由（D）层杂质半导体组成。

    A. 1        B. 2        C. 3        D. 4

42. 晶闸管外部的电极数目为（C）。

    A. 1 个      B. 2 个      C. 3 个      D. 4 个

43. 普通晶闸管由中间 P 层引出的电极是（B）。

    A. 阳极      B. 门极      C. 阴极      D. 无法确定

44. 欲使导通晶闸管关断，错误的作法是（B）。

    A. 阳极阴极间加反向电压

    B. 撤去门极电压

    C. 将阳极阴极间正压减小至小于维持电压

    D. 减小阴极电流，使其小于维持电流

45. 晶闸管导通必须具备的条件是（C）。

    A. 阳极与阴极间加正向电压

    B. 门极与阴极间加正向电压

    C. 阳极与阴极间加正压，门极加适当正压

    D. 阳极与阴极间加反压，门极加适当正压

46. 晶闸管硬开通是在（C）情况下发生的。

    A. 阳极反向电压小于反向击穿电压

    B. 阳极正向电压小于正向转折电压

    C. 阳极正向电压大于正向转折电压

    D. 阴极加正压，门极加反压

47. 晶闸管具有（B）性。

    A. 单向导电            B. 可控单向导电性

    C. 电流放大            D. 负阻效应

48. KP20-10 表示普通反向阻断型晶闸管的通态正向平均电流是（A）。

    A. 20A      B. 2000A     C. 10A      D. 1000A

49. KP10-20 表示普通反向阻断型晶闸管的正反向重复峰值电压是（D）。

    A. 10V      B. 1000V     C. 20V      D. 2000V

50. 单结晶体管振荡电路是利用单结晶体管（B）的工作特性设计的。

    A. 截止区     B. 负阻区     C. 饱和区     D. 任意区域

51. 单结晶体管触发电路产生的输出电压波形是（D）。

    A. 正弦波     B. 直流电     C. 尖脉冲     D. 锯齿波

52. 晶体管触发电路输出的触发功率与单结晶体管触发电路相比（A）。

A. 较大　　　　　B. 较小　　　　　C. 一样　　　　　D. 无法确定

53. 同步电压为锯齿波的晶体管触发电路，以锯齿波电压为基准，在串入（B）控制晶体管状态。

　　A. 交流控制电压　　　　　　　B. 直流控制电压

　　C. 脉冲信号　　　　　　　　　D. 任意波形电压

54. 晶体管触发电路适用于（C）的晶闸管设备中。

　　A. 输出电压线性好　　　　　　B. 控制电压线性好

　　C. 输出电压和电流线性好　　　D. 触发功率小

55. 关于同步电压为锯齿波的晶体管触发电路叙述正确的是（D）。

　　A. 产生的触发功率最大　　　　B. 适用于大容量晶闸管

　　C. 锯齿波线性度最好　　　　　D. 适用于较小容量晶闸管

56. 若将半波可控整流电路中的晶闸管反接，则该电路将（D）。

　　A. 短路　　　　　　　　　　　B. 和原电路一样正常工作

　　C. 开路　　　　　　　　　　　D. 仍然整流，但输出电压极性相反

57. 单向半波可控整流电路，若负载平均电流为 10mA，则实际通过整流二极管的平均电流为（C）。

　　A. 5A　　　　　B. 0　　　　　C. 10mA　　　　　D. 20mA

58. 三相全波可控整流电路的变压器二次侧中心抽头，将二次侧电压分为（A）两部分。

　　A. 大小相等，相位相反　　　　B. 大小相等，相位相同

　　C. 大小不等，相位相反　　　　D. 大小不等，相位相同

59. 单项全波可控整流电路，若控制角 $\alpha$ 变大，则输出平均电压（B）。

　　A. 不变　　　　B. 变小　　　　C. 变大　　　　　D. 为零

60. 在三相半波可控整流电路中，控制角 $\alpha$ 的最大移相范围是（B）。

　　A. 90°　　　　B. 150°　　　　C. 180°　　　　　D. 360°

61. 三相半波可控整流电路，晶闸管承受的最大反向电压是（D）。

　　A. 变压器二次相电压有效值　　B. 变压器二次相电压最大值

　　C. 变压器二次线电压有效值　　D. 变压器二次线电压最大值

62. 三相半波可控整流电路，若负载平均电流为 18A，则每个晶闸管实际通过的平均电流为（C）。

　　A. 18A　　　　B. 9A　　　　　C. 6A　　　　　　D. 3A

# 附录 B　电子电路常用元器件表

**表 B-1**　　　　　　　　　　电阻器（电位器）的标称阻值

| 系列 | 精度等级 | 标称电阻值 |
|------|---------|-----------|
| E6 | III | 1.0　1.5　2.2　3.3　4.7　6.8 |
| E12 | II | 1.0　1.2　1.5　1.8　2.2　2.7　3.3　3.9　4.7　5.6　6.8　8.2 |
| E24 | I | 1.0　1.1　1.2　1.3　1.5　1.6　1.8　2.0　2.2　2.4　2.7　3.0　3.3　3.6　3.9　　4.3　4.7　5.1　5.6　6.2　6.8　7.5　8.2　9.1 |

**表 B-2**　　　　　　　　　　精密电阻器（电位器）的标称阻值

| 系列 | 精度等级 | 标称电阻值 | | | | | | | | | |
|------|---------|-----|-----|-----|-----|-----|-----|-----|-----|-----|-----|
| E192 | 005 | 100 | 101 | 102 | 104 | 105 | 106 | 107 | 109 | 110 | 111 |
| | | 113 | 114 | 115 | 117 | 118 | 120 | 121 | 123 | 124 | 126 |
| | | 127 | 129 | 130 | 132 | 133 | 135 | 137 | 138 | 140 | 142 |
| | | 143 | 145 | 147 | 149 | 150 | 152 | 154 | 156 | 158 | 160 |
| | | 162 | 164 | 165 | 167 | 169 | 172 | 174 | 176 | 178 | 180 |
| | | 182 | 184 | 187 | 189 | 19*1 | 193 | 196 | 198 | 220 | 203 |
| | | 205 | 208 | 210 | 213 | 215 | 218 | 221 | 223 | 236 | 229 |
| | | 232 | 234 | 237 | 240 | 243 | 246 | 249 | 252 | 255 | 258 |
| | | 261 | 264 | 267 | 271 | 274 | 277 | 280 | 284 | 287 | 291 |
| | | 294 | 298 | 301 | 305 | 309 | 312 | 316 | 320 | 324 | 328 |
| | | 332 | 336 | 340 | 344 | 348 | 352 | 357 | 361 | 365 | 370 |
| | | 374 | 379 | 383 | 388 | 392 | 397 | 402 | 407 | 412 | 417 |
| | | 422 | 427 | 432 | 437 | 442 | 448 | 453 | 459 | 464 | 470 |
| | | 475 | 481 | 487 | 493 | 499 | 505 | 511 | 517 | 523 | 530 |
| | | 563 | 542 | 549 | 556 | 562 | 569 | 576 | 583 | 590 | 597 |
| | | 604 | 612 | 619 | 626 | 634 | 642 | 649 | 657 | 665 | 673 |
| | | 681 | 690 | 698 | 706 | 715 | 723 | 732 | 741 | 750 | 759 |
| | | 768 | 777 | 787 | 796 | 806 | 816 | 825 | 835 | 845 | 856 |
| | | 866 | 868 | 887 | 898 | 909 | 920 | 931 | 942 | 953 | 965 |
| | | 976 | 988 | | | | | | | | |
| E96 | 01 或 00 | 100 | 102 | 105 | 107 | 110 | 113 | 115 | 118 | 121 | 124 |
| | | 127 | 130 | 133 | 137 | 140 | 143 | 147 | 150 | 154 | 158 |
| | | 162 | 165 | 169 | 174 | 178 | 182 | 187 | 191 | 196 | 200 |
| | | 205 | 210 | 215 | 221 | 226 | 232 | 237 | 243 | 249 | 255 |
| | | 261 | 267 | 274 | 280 | 287 | 294 | 301 | 309 | 316 | 324 |
| | | 332 | 340 | 348 | 357 | 365 | 374 | 383 | 392 | 402 | 412 |
| | | 422 | 432 | 442 | 453 | 464 | 475 | 487 | 499 | 511 | 523 |
| | | 536 | 549 | 562 | 576 | 590 | 604 | 619 | 634 | 649 | 665 |
| | | 681 | 698 | 715 | 732 | 750 | 768 | 787 | 806 | 825 | 845 |
| | | 866 | 887 | 909 | 931 | 953 | 976 | | | | |
| E48 | 02 或 0 | 100 | 105 | 110 | 115 | 121 | 127 | 133 | 140 | 147 | 154 |
| | | 162 | 169 | 178 | 187 | 196 | 205 | 215 | 226 | 237 | 249 |
| | | 261 | 274 | 287 | 301 | 316 | 332 | 348 | 365 | 383 | 402 |
| | | 422 | 442 | 446 | 487 | 511 | 536 | 562 | 590 | 619 | 649 |
| | | 681 | 715 | 759 | 787 | 825 | 866 | 909 | 953 | | |

**表 B-3**　　　　　　　　　　　铝电解电容器的标称容量及允许误差

| 标称容量/μF | 允许偏差（%） | |
| --- | --- | --- |
| | 专用电容器 | 一般电容器 |
| 1，2，2.5，4，5，8，10，16，20，25，32，40，50，100，150，200，500，1000，2000，5000 | （1）-10～+50（工作电压：≤500V）（2）-10～+30（工作电压：>50V） | （1）-10～+100（工作电压：≤500V）（2）-10～+50（工作电压：>50V）（3）-20～+50（工作电压：>50V，而标称容量小于 10μF） |

**表 B-4**　　　　　　　　　　　固定电容器的标称容量及允许误差

| 系　列 | E24 | E12 | E6 | E3 |
| --- | --- | --- | --- | --- |
| 允许偏差（%） | ±5 | ±10 | ±20 | ±20 |
| 标称容量/μF | 1 | 1 | 1 | 1 |
| | 1.1，1.2 | 1.2 | — | — |
| | 1.3，1.5 | 1.5 | 1.5 | — |
| | 1.6，1.8 | 1.8 | — | — |
| | 2.0，2.2 | 2.2 | 2.2 | 2.2 |
| | 2.4，2.7 | 2.7 | — | — |
| | 3.0，3.3 | 3.3 | 3.3 | — |
| | 3.6，3.9 | 3.9 | — | — |
| | 4.3，4.7 | 4.7 | 4.7 | 4.7 |
| | 5.1，5.6 | 5.6 | — | — |
| | 6.2，6.8 | 6.8 | 6.8 | — |
| | 7.5，8.2 | 8.2 | — | — |
| | 9.1 | — | — | — |

**表 B-5**　　　　　　　　　　　国产硅半导体整流二极管主要参数

| 部标型号 | 旧型号 | 额定正向整流电流 $I_F$/A | 正向压降平均值 $U_F$/V | 反向电流 $I_R$/μA | | | 不重复正向浪涌电流 $I_{SUR}$/A | 工作频率 $f$/kHz | 最高结温 $T_{jM}$/℃ | 散热器规格或面积 |
| --- | --- | --- | --- | --- | --- | --- | --- | --- | --- | --- |
| | | | | 125℃ | 140℃ | 50℃ | | | | |
| 2CZ50 | | 0.03 | ≤1.2 | 80 | | | 0.6 | 3 | 150 | |
| 2CZ51 | | 0.05 | | | | 5 | 1 | | | |
| 2CZ52A～H | 2CP10～20 | 0.1 | ≤1.0 | 100 | | | 2 | | | |
| 2CZ53A～K | 2CP21～28 | 0.3 | | | | | 6 | | | |
| 2CZ54A～M | 2CP33A～I | 0.5 | | | | 10 | 10 | | | |
| 2CZ55C～M | 2CZ11A～J | 1 | ≤1.0 | | | 10 | 20 | | 150 | 60mm×60mm×1.5mm 铝板 |
| 2CZ56C～M | 2CZ12A～H | 3 | ≤0.8 | 1000 | 20 | | 65 | 3 | 140 | 80mm×80mm×1.5mm 铝板 |
| 2CZ57C～M | 2CZ13B～K | 5 | | | | | 105 | | | 100cm² |
| 2CZ58 | 2CZ10 | 10 | | 1500 | 30 | | | | | 200cm² |
| 2CZ59 | 2CZ20 | 20 | | 2000 | 40 | | | | | 400cm² |
| 2CZ60 | 2CZ50 | 50 | | 4000 | 50 | | | | | 600cm² |

注：部标硅半导体整流二极管最高反向工作电压 $U_{RM}$ 规定如下：

| 分挡标志 | A | B | C | D | E | F | G | H | J | K | L |
|---|---|---|---|---|---|---|---|---|---|---|---|
| $U_{RM}/V$ | 25 | 50 | 100 | 200 | 300 | 400 | 500 | 600 | 700 | 800 | 900 |
| 分挡标志 | M | N | P | Q | R | S | T | U | V | W | X |
| $U_{RM}/V$ | 1000 | 1200 | 1400 | 1600 | 1800 | 2000 | 2200 | 2400 | 2600 | 2800 | 3000 |

**表 B-6** 几种典型半导体晶体管主要参数

| 型号 | 类别 | $I_{CBO}/\mu A$ | $I_{CEO}/\mu A$ | $\beta$ | $f_T/MHz$ | $I_{CM}/mA$ | $P_{CM}/mW$ | $U_{(BR)CEO}/V$ |
|---|---|---|---|---|---|---|---|---|
| 3AX51A | | ≤12 | ≤500 | 10～150 | | 100 | 100 | 12 |
| 3AX31B | 低频小功率管 | ≤20 | | 40～180 | ≥8×10⁻³ | 125 | 125 | 30 |
| 3BX81A | | ≤30 | ≤1000 | 40～270 | | 200 | 200 | 10 |
| 3CX200B | | ≤0.5 | ≤1 | 55～400 | | 300 | 300 | 18 |
| 3CG120A | | | ≤0.2 | ≥25 | ≥200 | 100 | 500 | 15 |
| 3AG54A | | ≤5 | ≤300 | 30～200 | ≥30 | 30 | 100 | 15 |
| 3DG6C | 高频中小功率管 | ≤0.01 | | 90～160 | ≥300 | 20 | 100 | 30 |
| 3CG100B | | ≤0.1 | ≤0.1 | ≥25 | ≥100 | 30 | 100 | 30 |
| 3DG120A | | ≤0.01 | ≤0.01 | ≥30 | ≥150 | 100 | 500 | ≥30 |
| 2N2222 | | ≤10 | | ≥50 | ≥300 | 800 | 500 | ≥30 |
| 3AG61 | | ≤70 | ≤500 | 40～300 | ≥30 | 150 | 500 | ≥20 |
| 3AD30A | 中大功率管 | ≤500 | | 12～100 | ≥2×10⁻³ | 4000 | 20×10³ | 12 |
| 3DD15A | | ≤1000 | ≤2000 | ≥20 | | 5000 | 50×10³ | ≥60 |
| BUX47A | 高耐压管 | | ≤150 | | | 15×10³ | 12×10⁴ | 450 |
| BUX48A | | | ≤200 | | | 36×10³ | 175×10³ | 450 |

**表 B-7** 通用 9011～9018、8050、8055 晶体管的主要参数

| 型号 | 极限参数 | | | 直流参数 | | | 交流参数 | | 类型 | 外形 |
|---|---|---|---|---|---|---|---|---|---|---|
| | $P_{CM}/mW$ | $I_{CM}/mA$ | $U_{(BR)CEO}/V$ | $I_{CEO}/mA$ | $U_{CE(sat)}/V$ | $h_{fE}(\beta)$ | $f_T/MHz$ | $C_{ob}/pF$ | | |
| 9011 | 300 | 100 | 18 | 0.05 | 0.3 | 28 | 150 | 3.5 | NPN | TO-92 |
| E | | | | | | 39 | | | | |
| F | | | | | | 54 | | | | |
| G | | | | | | 72 | | | | |
| H | | | | | | 97 | | | | |
| I | | | | | | 132 | | | | |
| 9012 | 600 | 500 | 25 | 0.5 | 0.6 | 64 | 150 | | PNP | |
| E | | | | | | 78 | | | | |
| F | | | | | | 96 | | | | |
| G | | | | | | 118 | | | | |
| H | | | | | | 144 | | | | |

续表

| 型号 | 极限参数 | | | 直流参数 | | | 交流参数 | | 类型 | 外形 |
|---|---|---|---|---|---|---|---|---|---|---|
| | $P_{CM}$/mW | $I_{CM}$/mA | $U_{(BR)CEO}$/V | $I_{CEO}$/mA | $U_{CE(sat)}$/V | $h_{fE}(\beta)$ | $f_T$/MHz | $C_{ob}$/pF | | |
| 9013 | 400 | 500 | 25 | 0.5 | 0.6 | 64 | 150 | | NPN | |
| E | | | | | | 78 | | | | |
| F | | | | | | 96 | | | | |
| G | | | | | | 118 | | | | |
| H | | | | | | 144 | | | | |
| 9014 | 300 | 100 | 18 | 0.05 | 0.3 | 60 | 150 | | NPN | |
| A | | | | | | 60 | | | | |
| B | | | | | | 100 | | | | |
| C | | | | | | 200 | | | | |
| D | | | | | | 400 | | | | |
| 9015 | 310 600 | 100 | 18 | 0.05 | 0.5 | 60 | 50 | 6 | PNP | |
| A | | | | | | 60 | 100 | | | |
| B | | | | | | 100 | | | | |
| C | | | | | | 200 | | | | |
| D | | | | | | 400 | | | | |
| 9016 | 310 | 25 | 20 | 0.05 | 0.3 | 28～97 | 500 | 2 | NPN | |
| 9017 | | 100 | 12 | | 0.5 | 28～72 | 600 | | | |
| 9018 | | 100 | 12 | | 0.5 | 28～72 | 700 | | | |
| 8050 | 1000 | 1500 | 25 | | | 85～300 | 100 | | NPN | |
| 8055 | | | | | | | | | PNP | |

注：一般在塑封管 TO-92 上标有 E、B、C。

表 B-8　　　　　　　　　　2CW、2DW 型稳压二极管主要参数

| 型号 | 稳压电压 | 动态电阻 | 温度系数 | 工作电流 | 最大电压 | 额定功耗 | 外形 |
|---|---|---|---|---|---|---|---|
| | $U_Z$/V | $r_Z$/$\Omega$ | $\alpha_T$/($10^{-4}$/℃) | $I_Z$/mA | $I_{ZM}$/mA | $P_Z$/W | |
| 2CW50 | 1.0～2.8 | 50 | ≥-9 | | 83 | | |
| 2CW51 | 2.5～3.5 | 60 | ≥-9 | | 71 | | |
| 2CW52 | 3.2～4.5 | 70 | ≥-8 | | 55 | | |
| 2CW53 | 4.0～5.8 | 50 | -6～4 | 10 | 41 | | |
| 2CW54 | 5.5～6.5 | 30 | -3～5 | | 38 | | ED-1EA |
| 2CW55 | 6.2～7.5 | 15 | ≤6 | | 33 | 0.25 | DO-41 |
| 2CW56 | 7.0～8.8 | 15 | ≤7 | | 27 | | |
| 2CW57 | 8.5～9.5 | 20 | ≤8 | | 26 | | |
| 2CW58 | 9.2～10.5 | 25 | ≤9 | 5 | 23 | | |
| 2CW59 | 10～11.8 | 30 | ≤9 | | 20 | | |

| 型号 | 稳压电压 | 动态电阻 | 温度系数 | 工作电流 | 最大电压 | 额定功耗 | 外形 |
|---|---|---|---|---|---|---|---|
| | $U_Z/V$ | $r_Z/\Omega$ | $\alpha_T/\ (10^{-4}/℃)$ | $I_Z/mA$ | $I_{ZM}/mA$ | $P_Z/W$ | |
| 2CW60 | 11.5~12.5 | 40 | ≤9.5 | 5 | 19 | | |
| 2CW61 | 12.4~14 | 50 | ≤9.5 | | 16 | | |
| 2CW62 | 13.5~17 | 60 | ≤9.5 | | 14 | | |
| 2CW63 | 16~19 | 70 | ≤10 | | 13 | | |
| 2CW64 | 18~21 | 75 | ≤10 | | 11 | | |
| 2CW65 | 20~24 | 80 | ≤10 | | 10 | | |
| 2CW66 | 23~26 | 85 | ≤10 | 3 | 9 | 0.25 | ED-1EA<br>DO-41 |
| 2CW67 | 25~28 | 90 | ≤10 | | 9 | | |
| 2CW68 | 27~30 | 95 | ≤10 | | 8 | | |
| 2CW69 | 29~33 | 95 | ≤10 | | 7 | | |
| 2CW70 | 32~36 | 100 | ≤10 | | 7 | | |
| 2CW71 | 35~40 | 100 | ≤10 | | 6 | | |
| 2DW230<br>（2DW7A） | 5.8~6.6 | 25 | ≤\|0.05\| | 10 | 30 | 0.2 | B4 |
| 2DW231<br>（2DW7B） | | 15 | | | | | |
| 2DW232<br>（2DW7C） | 6.0~6.5 | 10 | ≤\|0.05\| | | | | |
| 测试条件 | $I=I_Z$ | $I=I_Z$ | | | | | |

表 B-9　　　　　　　　　　　2EF 系列发光二极管主要参数

| 型号 | 工作电流 | 正向电压 | 发光强度 | 最大工作电流 | 反向耐压 | 发光颜色 | 外形 |
|---|---|---|---|---|---|---|---|
| | $I_F/V$ | $U_F/V$ | $I_O/mcd$ | $I_{FM}/mA$ | $U_{BR}/V$ | | |
| 2EF401<br>2EF402 | 10 | 1.7 | 0.6 | 50 | ≥7 | 红 | $\phi 5.0$ |
| 2EF411<br>2EF412 | 10 | 1.7 | 0.5<br>0.8 | 30 | ≥7 | 红 | $\phi 3.0$ |
| 2EF441 | 10 | 1.7 | 0.2 | 40 | ≥7 | 红 | 5×1.9 |
| 2EF501<br>2EF502 | 10 | 1.7 | 0.2 | 40 | ≥7 | 红 | $\phi 5.0$ |
| 2EF551 | 10 | 2 | 10 | 50 | ≥7 | 黄绿 | $\phi 5.0$ |
| 2EF601<br>2FE602 | 10 | 2 | 0.2 | 40 | ≥7 | 黄绿 | 5×1.9 |
| 2EF641 | 10 | 2 | 1.5 | 50 | ≥7 | 红 | $\phi 5.0$ |
| 2EF811<br>2EF812 | 10 | 2 | 0.4 | 40 | ≥7 | 红 | 5×1.9 |
| 2EF841 | 10 | 2 | 0.8 | 30 | ≥7 | 黄 | $\phi 3.0$ |

注：我国用汉语拼音 FG 为型号前缀的是部标型号，用 BT、LED 为型号前缀的分别是北京光电器件厂、佛山光电器件厂、苏州半导体厂和上海半导体器件六厂厂标。

## 附录 C　可供选择的学生实训项目

为了提高学生模拟电子电路及其产品的安装调试能力，各校可增加教材中没有安排的基本电路的安装调试实训，由学生自行设计装接线路，安装调试。为有利于做中学教学安排，特编写了可供选择的学生实训项目，供参考。项目的考核评价，参照教材中考核评价表进行。

### C.1　简易晶体管 $\beta$ 值粗筛选电路的安装与调试

#### C.1.1　电路组成

为实现对晶体管 $\beta$ 值进行粗选，用电压比较器设计组装一简易 $\beta$ 值粗筛选电路，可按 $\beta$ 值大小分三挡筛选：① $\beta \leqslant 100$；② $100 < \beta \leqslant 200$；③ $\beta > 200$。晶体管 $\beta$ 值粗筛选电路如图 C-1 所示。

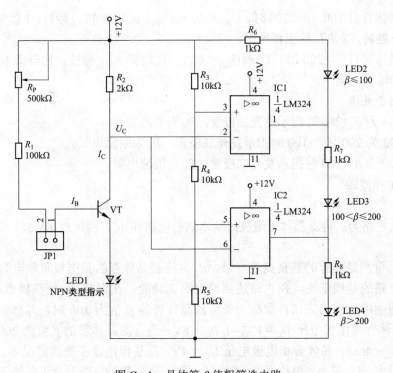

图 C-1　晶体管 $\beta$ 值粗筛选电路

晶体管 $\beta$ 值分选电路主要包括晶体管基本共射放大器、电压比较器和 LED 发光指示电路等几个基本单元电路。

晶体管 $\beta$ 值分选电路各元器件作用分述如下：

1. 待测晶体管组成基本共射电路

$R_\mathrm{P}$、$R_1$ 为待测晶体管的基极偏置电阻，$R_2$ 为待测晶体管的集电极负载电阻。使待测晶体管处于放大工作状态。JP1 为测试用接线插座，用短路帽（或硬导线）将两绝缘插座针脚短接，可把基极偏置电阻接至待测晶体管的基极。可串接微安表，用来测试基极

电流 $I_B$。

### 2. 晶体管类型指示电路

LED1 为晶体管 NPN 类型指示发光二极管。当待测 NPN 型晶体管引脚插接正确，短接 JP1，NPN 型晶体管处于放大状态，发射极电流点亮 LED1。若为 PNP 型晶体管，晶体管截止，短接 JP1，LED1 不亮。

### 3. 比较器电路

$IC_{1A}$（3、2、1 引脚集成运放）和 $IC_{1B}$（5、6、7 引脚集成运放）组成 2 个比较器。$R_5$、$R_4$、$R_3$ 组成分压电路，用于确定 $IC_{1A}$ 和 $IC_{1B}$ 比较器的阈值电压。$U_{thA} = U_{R5} + U_{R4} = 8V$，$U_{thB} = U_{R5} = 4V$。

当电路处于待测状态未测试时，相当于晶体管 $\beta = 0$，$U_C$ 为高电平，$U_C > U_{thA}$（8V）$> U_{thB}$（4V），$IC_{1A}$ 比较器的 1 脚和 $IC_{1B}$ 比较器的 7 脚均输出低电平。

当测试晶体管且 $\beta < 100$ 时，$U_C$ 仍大于 $U_{thA}$ 和 $U_{thB}$，$IC_{1A}$ 和 $IC_{1B}$ 比较器不翻转，1 脚和 7 脚均输出低电平。

当测试晶体管且 $100 < \beta < 200$ 时，$U_{thB} < U_C < U_{thA}$，比较器 $IC_{1A}$ 翻转，1 脚输出高电平；$IC_{1B}$ 比较器不翻转，7 脚仍输出低电平。

当测试晶体管且 $\beta > 200$ 时，$U_C < U_{thB} < U_{thA}$，比较器 $IC_{1B}$ 翻转，比较器 $IC_{1A}$ 的 1 脚和 $IC_{1B}$ 的 7 脚均输出高电平。

### 4. $\beta$ 值指示电路

（1）LED4 为 $\beta \geqslant 200$ 时指示发光二极管，$R_8$ 为限流电阻。

（2）LED3 为 $200 > \beta > 100$ 时指示发光二极管，$R_7$ 为限流电阻。

（3）LED2 为 $\beta \leqslant 100$ 时指示发光二极管，$R_6$ 为限流电阻。

#### C.1.2 电路工作原理

电路工作原理简述如下：

该电路主电路为：待测晶体管组成的基本共射电路和 IC1 四运放 LM324 中两个运放组成的比较器。

$R_P$、$R_1$ 为待测晶体管的基极偏置电阻，$R_2$ 为待测晶体管的集电极负载电阻。$R_P$ 用来调整基本共射电路的基极电流，使电路达到预定测试功能。在调节 $R_P$ 使基极电流 $I_B = 20\mu A$ 后，按照电路图中标示的元器件参数，当待测晶体管的 $\beta$ 值为 100 时，晶体管集电极电流 $I_C = 2mA$，晶体管集电极电压 $U_C = V_{CC} - I_C R_C = 8V$；当待测晶体管的 $\beta$ 值为 200 时，晶体管集电极电流 $I_C = 4mA$，晶体管集电极电压 $U_C = 4V$。在基极电流不变的情况下，晶体管 $\beta$ 值越大，则 $I_C$ 越大，$U_C$ 越小。电位器 $R_P$ 调好后一般不要再旋动，否则会引起所测晶体管 $\beta$ 分挡值不准确。

$IC_{1A}$（3、2、1 引脚集成运放）和 $IC_{1B}$（5、6、7 引脚集成运放）组成 2 个比较器，$R_5$、$R_4$、$R_3$ 组成分压电路，确定比较器的阈值电压。$U_{thB} = U_{R5} = 4V$，$U_{thA} = U_{R5} + U_{R4} = 8V$。

当电路处于待测状态未测试时，JP1 断开，相当于晶体管 $\beta = 0$，待测管为 NPN 型，晶体管发射极电流 $I_E = I_{CEO}$，发光二极管 LED1 不亮。此时 $U_C$ 为高电平，$U_C \approx 12V$，$U_C > U_{thA}$（8V）$> U_{thB}$（4V），$IC_{1A}$ 比较器 1 脚输出低电平，$IC_{1B}$ 比较器 7 脚也输出低电平。LED2 点亮，LED3、LED4 均不能点亮。

当待测 NPN 型晶体管引脚插接正确，短接 JP1，NPN 型晶体管处于放大状态，发射极电流点亮 LED1。

当被测晶体管 $\beta > 200$ 时，$U_C < U_{thB}$（4V）$< U_{thA}$（8V），比较器 $IC_{1B}$ 的 7 脚输出高电平，$LED_4$ 点亮。比较器 $IC_{1A}$ 的 1 脚也输出高电平，LED2、LED3 都因两端无足够的电压差而不能点亮。

当被测晶体管 $100 < \beta < 200$ 时，$U_{thB}$（4V）$< U_C < U_{thA}$（8V）。因 $U_C > U_{thB}$（4V），比较器 $IC_{1B}$ 的 7 脚输出低电平（实测约为 1.16V），LED4 不能点亮；因 $U_C < U_{thA}$（8V），比较器 $IC_{1A}$ 的 1 脚输出高电平（实测约为 10.22V），LED2 两端无足够的电压差而不能点亮。此时，处于两个比较器输出端之间的 LED3 点亮。

当被测晶体管 $\beta < 100$ 时，$U_C > U_{thA}$（8V）$> U_{thB}$（4V）。此时，比较器 $IC_{1A}$ 的 1 脚和 $IC_{1B}$ 的 7 脚均输出低电平，LED2 点亮，LED3、LED4 都因两端无足够的电压差而不能点亮。

### C.1.3　电路安装

（1）元器件清单见表 C-1。

表 C-1　　　　　　　　　　　元 器 件 清 单

| 标注 | 名称 | 型号规格 | 标注 | 名称 | 型号规格 |
|---|---|---|---|---|---|
| $R_1$ | 电阻 | 100kΩ | $R_7$ | 电阻 | 1kΩ |
| $R_2$ | 电阻 | 2kΩ | $R_8$ | 电阻 | 1kΩ |
| $R_3$ | 电阻 | 10kΩ | $R_P$ | 电位器 | 500kΩ |
| $R_4$ | 电阻 | 10kΩ | IC1 | 集成运放 | LM324 |
| $R_5$ | 电阻 | 10kΩ | LED1~LED4 | 发光二极管 | 红、绿、黄色 |
| $R_6$ | 电阻 | 1kΩ | JP1 | 插针 | 2 位 |

（2）图 C-1 所示电路参考印制电路板图如图 C-2 所示，参考装配图如图 C-3 所示。安装后照片如图 C-4 所示。

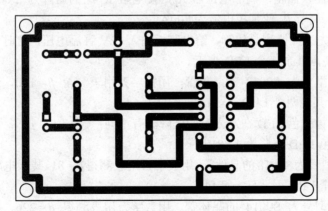

图 C-2　印制电路板图

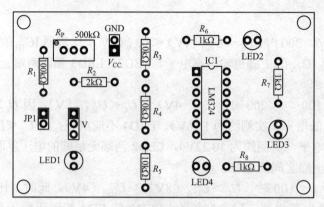

图 C-3 装配图

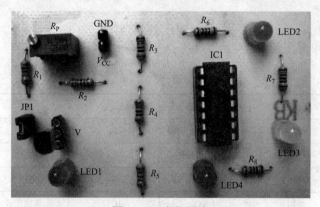

图 C-4 实物照片

由学生在万能印制电路板上自行设计装接线路进行安装。

**C.1.4 电路安装调试及实测数据**

电路采用 +12V 供电，实测为 +11.99V，此时三个分压电阻 $R_3\sim R_5$ 中间的两个分压值分别为 7.97V 和 3.97V。

将待测晶体管插入插座，调节电位器 $R_P$，使电阻 $R_1$ 上的压降为 2.00V（也可利用插针 JP1，串入微安表，调节 $R_P$ 使基极电流为 20μA）。

（1）调好后，先去掉待测晶体管，给电路板输入 12V 直流电压，此时相当于晶体管 $\beta$ 为 0，结果为 LED2 亮，其余三个 LED 熄灭。

（2）找到一只型号为 S9013 的晶体管，用数字万用表测得 $\beta=130$，装入电路后结果为 LED1、LED3 亮，其他两个 LED 灭。$U_C = 6.02V$。

测得板上的三种颜色 LED 在发光时的压降略有不同：黄色 LED 压降为 1.92V，绿色 LED 压降为 1.94V，红色 LED 压降为 1.88V。

（3）更换一只型号为 S9018 的晶体管，用数字万用表测得 $\beta=81$，装入电路后结果为 LED1、LED2 亮，其他两个 LED 灭。$U_C = 8.14V$。

（4）更换一只型号为 S9014 的晶体管，用数字万用表测得 $\beta=226$，装入电路后结果为 LED1、LED4 亮，其他两个 LED 灭。$U_C = 2.14V$。

电路功能基本正常，但发现电压和电流数据有偏差。我们以上述 S9013 为例计算，$\beta=130$，根据电路 C-1 计算求得 $I_B = 20\mu A$，则 $I_C$ 应为 2.6mA，电阻 $R_C$（阻值 2kΩ，偏差很小）上的压降应为 5.2V，那么 $U_C$ 应为 11.99V - 5.2V = 6.79V，但实测为 6.02V，其他也是这种情况。初步认为是数字万用表测得的 $\beta$ 值并不准确，偏小。

## C.2　语音报警电路的安装与调试

### C.2.1　语音集成电路及其报警电路

语音集成电路是一种以软封装方式封装在印制线路板上，它的性能稳定、语言清晰逼真，使用灵活方便，在一些场合可代替人而起到语言提示、告警作用，例如用于机动车辆倒车提示电路，当车辆转向开关打在倒车位置上时，扬声器会发出"请注意、倒车"的声音。有的语音集成电路可放固定音乐，用于电子设备的语音提示。如某型号双缸洗衣机洗衣程序结束，发出动听的"十五的月亮"电子音乐。

"有电危险、请勿靠近"语言告警电路如图 C-5 所示。语音集成电路的型号为 HCF5209，采用软封装形式。其中 5 脚、1 脚为电源正、负引入端，3 脚是触发端，低电平有效，触发一次电路可输出三次"有电危险、请勿靠近"语言信号。若将 3 脚直接接地，可连续发出上述语言信号。改变 6、7 脚外接电阻的大小，可改变语音输出速度。语言信号由 4 脚输出，经晶体管放大，推动扬声器发声。

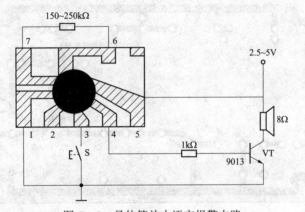

图 C-5　晶体管放大语言报警电路

经集成功放 LM386 放大的语言告警如图 C-6 所示。由于 HCF5209 工作电压为 2.5～5V，由限流电阻 $R_1$ 和稳压二极管 VZ 组成简单稳压电路。二极管 VD 用作电源极性保护，防止电源接错，烧坏电路。$C_2$ 为滤波电容用来改善语言的音色。3 脚外接按钮开关用被动式红外传感器或其他传感器代替，可组成自动告警电路。

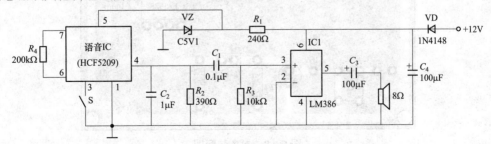

图 C-6　集成功放 LM386 放大的语言告警电路图

### C.2.2 语音告警电路安装调试

根据图 C–6 集成功放 LM386 放大的语言告警电路图，进行了印制电路板的设计，印制电路板图如图 C–7 所示，PCB 板尺寸大小为 4.5cm×7.5cm。装配图如图 C–8 所示。由于一时未购得 HCF5209，用音乐 ICLH9924 替代，该 IC 不需触发，接通了电源后就会输出音频信号。本电路元器件清单见表 C–2。对本电路进行了安装，其实物照片如图 C–9 所示（未接扬声器）。

表 C–2         元 器 件 清 单

| 标注 | 名称 | 型号规格 | 标注 | 名称 | 型号规格 |
|------|------|----------|------|------|----------|
| $R_1$ | 电阻 | RJ14　390Ω | IC1 | 集成功放 | LM386 |
| $R_2$ | 电阻 | RJ14　390Ω | 语音 IC | 语音电路 | LH9924 |
| $R_3$ | 电阻 | RJ14　10kΩ | $C_1$ | 瓷片电容 | 0.1μF |
| $R_4$ | 电阻 | RJ14　200kΩ | $C_2$ | 电解电容 | 1μF/50V |
| VZ | 稳压二极管 | C5V1 | $C_3$ | 电解电容 | 100μF/50V |
| VD | 开关二极管 | 1N4148 | $C_4$ | 电解电容 | 100μF/50V |
| S | 按键开关 | 6×6mm | B | 扬声器 | 8Ω/0.5W |

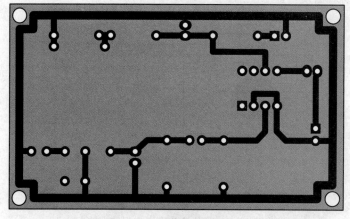

图 C–7   参考印制电路板图

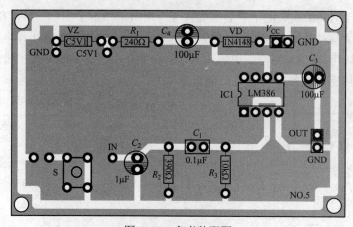

图 C–8   参考装配图

图 C-9　实物照片

　　由学生在万能印制电路板上自行设计装接线路进行安装。安装完毕，检查无误，接上电路和扬声器，按下触发开关，应能发出告警声音。

## C.3　无线话筒的安装与调试

　　调频无线话筒就是由 *LC* 振荡电路和调频电路组成的。调频无线话筒可以将声音信号转换成高频率的无线电波发射出去，距离可达数十米。它省去了电缆线，提高了使用灵活性，广泛应用于会场、舞台、家庭等场合。图 C-10 所示是一支普通的调频无线话筒，取出其内部的电路板，如图 C-11 所示。

图 C-10　无线话筒实物照片

图 C-11　话筒内部电路板

### C.3.1　基础知识

　　1. 调幅与调频

　　音频信号要调制到高频载波上才能经天线传播到远处，常用的调制方式有调幅和调频。高频载波是一种振荡频率一定、振荡幅度不变的等幅正弦波。当我们使高频载波的振荡幅度随音频信号的变化而变化时，称之为调幅（简称 AM），当我们使高频载波的频率随音频信号的变化而变化时，称之为调频（简称 FM）。调幅、调频信号波形如图 C-12 所示。

　　2. 驻极体话筒

　　驻极体话筒是一种电声换能器，它可把声能换成电能。驻极体是一种永久性磁化的电介质，利用这种材料制成的电容式传声器称为驻极体电容式传声器，俗称驻极体话筒。驻极体话筒结构与图形符号如图 C-13 所示。由于驻极体薄膜片上有自由电荷,当声波作用使薄膜片产生振动时,由驻极体作为介质的电容器两极板之间就有了电荷量,电容量随之改变,使电容器输出端之间随声波变化的交变电压信号,实现了声能向电能变换。由于驻极体话筒是一种高阻抗器件,不能直接与音频放大器匹配,所以内部装上一个输入阻抗高、噪声系数小的场效应晶体管,实现阻抗变换。

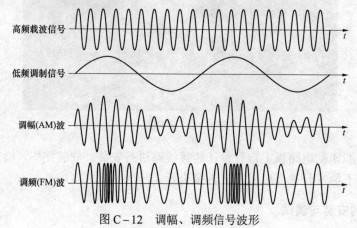

图 C-12　调幅、调频信号波形

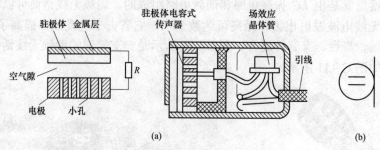

图 C-13　驻极体话筒结构与图形符号

（a）结构；（b）符号

### C.3.2　简易调频无线话筒制作与调试

1. 电路分析

一个简易调频无线话筒电路如图 C-14 所示。

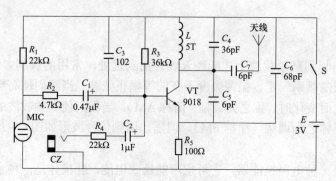

图 C-14　简易调频无线话筒电路图

该电路主要由驻极体话筒 MIC 和高频晶体管 VT 组成。晶体管 VT 和外围元件 $L$、$C_4$、$C_5$、$C_6$ 等组成高频振荡电路，振荡频率由 $L$、$C_4$、$C_5$、$C_6$ 和晶体管 VT 的结电容等决定。这是一个典型的共基极电容三点式振荡电路，$C_3$ 对高频信号可视为短路，使晶体管基极交流接地；接在晶体管 c～e 间的 $C_5$ 形成正反馈来建立振荡。

MIC 是驻极体话筒，内部含有一级场效应晶体管放大电路，$R_1$ 是它的偏置电阻。MIC 将声音信号转变成电信号，通过 $R_2$、$C_1$ 耦合到晶体管 VT 的基极。变化的音频电压使晶体管的结电容发生变化，电路的振荡频率也随之发生变化，在高频条件下引起很大的频偏，从而达到调频的目的。频率调制后的高频信号由晶体管 VT 的集电极输出，通过 $C_7$ 接入天线辐射出去。

$R_3$ 是晶体管 VT 的基极偏置电阻。$R_5$ 是晶体管的发射极电阻，具有稳定直流工作点的作用。

另外，其他电子设备（如 MP3、电视机等）产生的音频信号可以通过电缆线输入插座 CZ，经 $R_4$、$C_2$ 耦合传送到晶体管 VT 的基极，也能实现调频发射，从而实现无线音频转发器的功能。

2. 制作调试

振荡线圈 $L$ 需自制，制作方法是用直径为 0.7mm 左右的漆包线在水笔芯上绕 5 圈后抽出笔芯即成。用一根 80cm 长的单股导线作天线。

电路安装完毕，检查无误后，便可通电调试。将无线话筒的电源开关 S 断开，将万用表置于直流电流挡，两表笔接到电源开关的两端，测量电路的工作电流，如果在 10mA 以内则电路基本正常。

接着打开收音机（置于 FM 段），合上话筒开关 S，然后手持话筒，一边对话筒讲话一边调收音机选台旋钮（或选频键）直到收音机中传出自己的声音为止。如果在整个 FM 频段（即 88～108MHz）都收不到，则需调整振荡线圈 $L$，拉开或缩小线圈每匝之间的距离。

### C.4　用 2AP9 组成的温度报警器的安装与调试

#### C.4.1　电路图及工作原理

温度报警器应选用温度传感器作为输入级。因温度传感器购买较困难，且价格较高，可用锗普通二极管 2AP9 来代替。参考电路如图 C4-1 所示。图 C4-1 所示电路中利用了锗二极管 2AP9 随温度增加反向电流有较大增加的特点，2AP9 反偏。A1 用作比较器，当温度低于 42℃，A1 输出高电平，红色 LED1 电压低于点亮电压，不发光。VT1 导通，点亮绿色 LED2，表示温度在正常工作范围内。当温度≥42℃，A1 输出低电平，红色 LED1 点亮，VT1 截止，绿色 LED2 熄灭。VT2 导通，驱动音频示警电路，发出声音报警。音频示警电路可采用图 5.4-2 所示电路的 $RC$ 桥式振荡电路，用扬声器作为负载。

#### C.4.2　电路的安装与调试

（1）根据图 C-15 所示电路，在万能印制板上自行设计装接线路，进行安装。

（2）安装完毕，检查核对无误，通电调试。

$R_{P1}$、$R_{P2}$ 采用多圈精密可调电位器，电路调试过程中，可用电吹风作为热源，在 2AP9 旁边放一温度计来进行标定。用电吹风加热 2AP9，调节 $R_{P1}$、$R_{P2}$，当温度计温度达到 42℃时，红色 LED1 点亮，音频示警电路，发出声音报警。

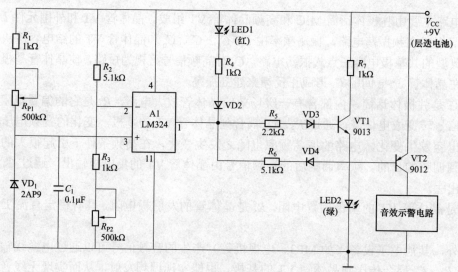

图 C-15  用 2AP9 作为温度传感器的温度报警电路

## C.5  简易恒流充电器制作

### C.5.1  简易恒流充电器电路分析

简易恒流充电器是一个采用三端固定正输出集成稳压器 LM7805 作为恒流源的恒流充电器，可为两节镍氢电池充电，有三挡不同大小的充电电流可选，充满后指示灯自动点亮。简易恒流充电器电路如图 C-16 所示。

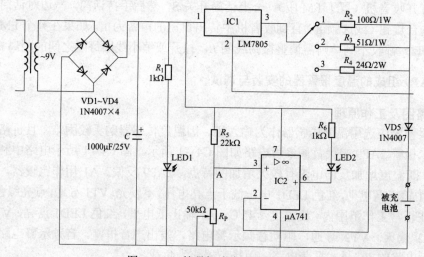

图 C-16  简易恒流充电器电路图

充电器电路由整流电源、恒流源、充满指示电路等部分组成。

变压器 T、整流桥 VD1～VD4、滤波电容 $C$ 等组成整流滤波电路，为充电电路提供约 12V 的直流电压。$R_1$ 和 LED1 组成电源指示电路，接通电源后 LED1 一直点亮。

集成稳压器 LM7805 与 $R_2$、$R_3$、$R_4$ 分别构成 50mA、100mA、200mA 恒流源，由开关 S 进行选择，以适应不同容量电池充电电流的需要。可把两节 1.2V 镍氢充电电池串联接入电路进行充电，二极管 VD5 的作用是防止被充电池电流倒灌。

集成运放μA741 和发光二极管 LED2 等组成充满指示电路，其中μA741 构成电压比较器。刚开始充电时，因为被充电池电压很低，运放的 3 脚电位高于 2 脚电位，运放 6 脚输出高电平（实测电压值 11.45V），LED2 不亮。随着充电的进行，运放 2 脚电位逐步上升。当被充电池充满电时，运放的 2 脚电位高于 3 脚电位，运放 6 脚输出低电平（实测电压值 2.54V），LED2 导通点亮（实测压降值 1.79V）。

### C.5.2　简易恒流充电器使用

镍氢充电电池使用时一般用 10 小时率电流充电。例如，对于 1000mA·h 左右的镍氢充电电池，将 S 置于 100mA 挡，持续充电 15h 即可充满。

调试时，可装上两节放完电的镍氢充电电池，用 10 小时率常规电流充电 15h 后，用万用表测量 2 节电池的总电压 $U_E$，接着调节 $R_p$，使 A 点电压等于 $U_E$。电池充电时指示灯 LED2 熄灭，当 LED2 点亮时表示电池已充满。

该充电器没有充满自关断功能，电池充满后要及时切断电源，以防过度充电损坏电池。

### C.6　两级集成运放交流放大电路安装调试

### C.6.1　电路分析

集成运放同相放大器的放大倍数为 1～100 之间，而反相放大倍数在 0.1～100 之间，要求 $A_u=10^3$，必须进行两级放大。同相放大电路输入电阻很高，图 3.4-1 所示。反相放大电路输入电阻由 $R_1$ 决定，其取值一般为 1kΩ～1MΩ之间。两级集成运放组成的交流放大电路电路如图 C-17 所示。

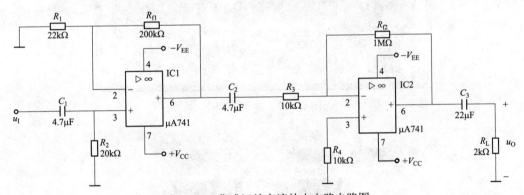

图 C-17　集成运放交流放大电路电路图

由于需要放大有正有负的交流电压信号，为了输出电压也能输出正、负电压，需要给运放提供正负两组电源。另外，电路放大倍数很大，如果电源电压较小，则在输入信号稍大时输出就会出现削波。为此，本电路选择了 +15V 和 -15V 双电源供电。

多级放大电路的电压放大倍数由下式计算

$$A_u=A_{u1}\times A_{u2}\times \cdots \qquad (C-1)$$

通常第一级工作于小信号状态，对放大有益。放大倍数应取小一些。

### C.6.2　电路安装

根据电路图，进行了印制电路板的设计，参考印制电路板图如图 C-18 所示，PCB 板尺寸大小为 4.5cm×7.5cm。参考装配图如图 C-19 所示。对本电路进行了安装，其实物照片如图 C-20 所示。

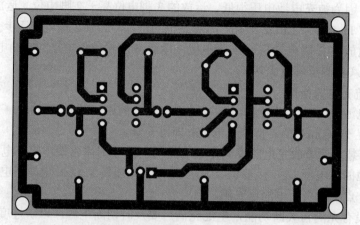

图 C-18    参考印制电路板图

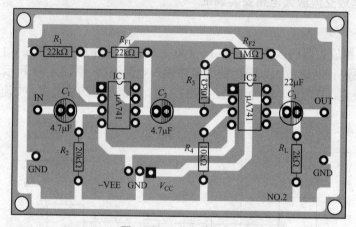

图 C-19    参考装配图

图 C-20    实物照片

同学们在万能印制电路板上，根据电路图和参考图自行安装。

### C.6.3    电路调试

（1）测试集成运放各引脚静态电压，进行记录。

（2）根据电路图列出公式、计算第一级、第二级电压放大倍数及电路总电压放大倍数：

$A_{u1} =$ _____

$A_{u2} =$ _____

$A_u =$ _____

（3）输入的正弦 2000Hz、30mV 交流信号，用示波器测第 1 级、第 2 级波形，用示波器或电子毫伏表测各级输入和输出电压，计算放大倍数：

$A_{u1} =$ _____

$A_{u2} =$ _____

$A_u =$ _____

（4）比较计算结果与实测结果，分析产生误差的原因。

### C.6.4　考核评价

参照表 7.1 - 1 进行考核评价。

# 参 考 文 献

[1] 陈梓城. 模拟电子技术基础 [M]. 3 版. 北京：高等教育出版社，2013.

[2] 杨承毅. 模拟电子技能实训 [M]. 北京：人民邮电出版社，2005.

[3] 杨承毅. 电子技能实训基础 [M]. 2 版. 北京：人民邮电出版社，2007.

[4] 张金华. 电子技术基础与技能 [M]. 2 版. 北京：高等教育出版社，2014.

[5] 伍湘彬. 电子技术基础与技能 [M]. 2 版. 北京：高等教育出版社，2014.

[6] 黄士生，巫伟钢. 模拟电子技术 [M]. 北京：中国劳动社会保障出版社，2006.

[7] 周雪. 模拟电子技术 [M]. 西安：西安电子科技大学出版社，2005.

[8] 顾宏亮. 模拟电子与技能训练 [M]. 北京：机械工业出版社，2013.

[9] 史娟芳. 电子技术基础与技能 [M]. 江苏：江苏教育出版社，2012.

[10] 詹新生，张江伟，尹慧，等. 模拟电子技术项目化教程 [M]. 北京：清华大学出版社，2014.

[11] 李乃夫. 电子技术基础与技能 [M]. 北京：高等教育出版社，2014.

[12] 陈梓城. 实用电子电路设计与调试（模拟电路）[M]. 北京：中国电力出版社，2011.